沈阳市水系生态修复途径与对策

荆 勇 等 编著

科学出版社

北京

内 容 简 介

到"九五"末期，沈阳市水系污染已经达到历史最严重的水平。"十五"初期，沈阳市重点实施了浑河整治工程并带动了"十一五"期间全市中小河流的整治。"十二五"至"十三五"期间，在国家水专项的技术研发应用、示范工程建设及水生态管理等技术支持和指导下，沈阳市大力推进水系生态建设和管理，全面实施消除河流黑臭、水质达标和水系生态修复的系统工程。本书介绍了沈阳市主要河流的污染史、整治历程和污染控制与生态修复的科学途径与创新，目的在于系统总结城市水系污染控制与生态修复的途径和对策，为同类研究和建设提供有价值的参考依据。

本书读者对象主要为从事水生态系统建设的研究人员、监控人员和管理人员。

图书在版编目（CIP）数据

沈阳市水系生态修复途径与对策 / 荆勇等编著 . —北京：科学出版社，2020.6

ISBN 978-7-03-065573-8

Ⅰ . ①沈… Ⅱ . ①荆… Ⅲ . ①水系—生态环境—生态恢复—研究—沈阳 Ⅳ . ① X143

中国版本图书馆 CIP 数据核字 (2020) 第 106514 号

责任编辑：王喜军 / 责任校对：樊雅琼
责任印制：吴兆东 / 封面设计：壹选文化

科 学 出 版 社 出版

北京东黄城根北街 16 号
邮政编码：100717
http://www.sciencep.com

北京建宏印刷有限公司 印刷
科学出版社发行　各地新华书店经销

*

2020 年 6 月第 一 版　开本：787×1092　1/16
2020 年 6 月第一次印刷　印张：14 1/4
字数：330 000

定价：168.00 元
（如有印装质量问题，我社负责调换）

作者名单

荆　勇　　杨小南　　李宁江　　张　炼　　张　斌
王　磊　　赵玉强　　刘云霞　　李艳君　　唐　亮
张广鑫　　孙文章　　才　兴　　赵勇娇　　刘　智
袁英兰　　魏　军　　刘文超　　宋伟强　　程　铭
王重阳　　林诚隆　　杨　露　　王　儒　　荆治严

前　　言

沈阳是我国的老工业基地，至"九五"末期，全市城乡饱受环境破坏的切肤之痛，伴随资源浪费和环境破坏的建设导致了灰尘弥漫天空、黑臭充斥河水、城乡垃圾遍地以及土壤污染不断加剧。全市水系良性生态功能基本丧失，人们最基本的饮用水安全亦受到严重的影响，城市饮用水和农灌用水仅能靠沈抚地区上游的浑河水库供给。"十五"初期，沈阳市老工业基地改造为环境整治提供了历史性机遇。2002年以浑河治臭为突破口的水系整治推进了全市环境整治的系统工程。浑河城区段的成功整治带动了"十一五"期间全市中小河流的整治，污染控制卓见成效。"十二五"期间，在巩固发展污染控制成果的基础上，结合生态城市建设的规划，沈阳市形成并建立了水生态修复的理念和模式，使河流的水生态功能不断得到修复和改善。"十三五"期间，国家全面实施消除国内黑臭水体战略计划，先后颁布了《水污染防治行动计划》和《城市黑臭水体治理攻坚战实施方案》，通过环保督查等有力措施，使全国水污染防治和水环境质量改善进入新的历史阶段并取得创新性成果。沈阳市紧跟国家战略部署，在原有河流整治基础上，全面推进全部河流除黑、水质达标和水系生态修复的宏伟计划。

沈阳市的水系建设过程充分依靠科技创新和支撑作用。沈阳环境科学研究院等单位紧密结合水环境建设的瓶颈和建设需求，组建了集科研、成果转化和工程实施于一体的专业团队，在浑河整治、细河清淤、垃圾场和污泥场污染控制、污水处理厂提标改造、人工湿地建设等重大项目中取得创新性科技成果，并为解决重大环境问题做出历史性贡献。在"十一五"和"十二五"期间，中国环境科学研究院、辽宁省环境科学研究院和沈阳环境科学研究院共同承担了浑河中游段污染控制技术研发、示范工程建设以及水生态管理等国家重大水专项课题的研究，对沈阳市水系的生态建设给予科学的指导和支持。

本书介绍了沈阳市主要河流的污染史、整治历程和污染控制与生态修复的科学途径与创新，目的在于系统规划并科学实施水系生态建设的目标和对策，不断解决水环境质量改善所面临的新老问题。作为从事环境保护的管理和科研人员，应继续以攻克重点难题为拼搏的目标，以坚韧不拔的毅力和付出谱写沈阳环境改善的新篇章。在此谨向关心和支持沈阳生态环境建设的人们致以由衷的谢意。

由于作者学识有限，书中难免存在瑕疵，敬请读者批评指正。

作　者

2019 年 12 月

目　　录

1 沈阳市水系与污染控制概况

1.1 沈阳市水系概况

沈阳过境河流：辽河干流总长 1345km，在沈阳境内流经康平、沈北、新民和辽中等县区。浑河发源于抚顺市清原县，全长 415.4km，流域面积 11481km²。浑河流经抚顺、沈阳、辽阳、鞍山，到盘锦三岔河镇与太子河汇合入大辽河，最后经营口入渤海。属太子河水系的北沙河自本溪东北进入沈阳市东南的苏家屯地区，在西南出境进入太子河辽阳段。图 1-1 为沈阳市主要河流分布情况。

沈阳市水系：沈阳地跨辽河、浑河两大流域，全市水域面积近 1.3 万 km²。辽河沈阳段长度为 307km，流经沈阳

图 1-1 沈阳市主要河流分布情况

市北部和西南县区农业地区，沿途有 7 条小型河流排至辽河，其中包括公河、柳河、八家子河、长河、左小河、养息牧河和秀水河。浑河沈阳段长度为 172km，是由东向西流经沈阳市城区和郊区的沈阳"母亲河"，是支撑沈阳市经济与发展的命脉水系，其支流分布在中心城区周边，详见表 1-1。此外，沈阳市南端的北沙河流经苏家屯区南部约 47km，在出境前受纳一部分农业污水和红菱矿区污水，加剧了北沙河和太子河污染。北沙河主要服务于流经区域的农灌和新城乡建设的景观，但服务区域面积较小。

表 1-1　沈阳境内浑河支流河基本情况

序号	河流名称	河流属性	起点与终点	河流功能	全长/km
1	满堂河	小型天然河流	满堂乡上木村至沈河区榆树屯	泄洪与排水	27
2	辉山明渠	小型天然河流	榆林堡水库至浑河上木场	泄洪与排水	14
3	张官河	小型天然河流	浑南区深井子至浑河	泄洪与排水	7
4	杨官河	小型天然河流	浑南区五三街道至浑河	泄洪与排水	8
5	南运河	城区人工河渠	204分水闸至浑河龙王庙	景观泄洪	15
6	北运河	城区人工河渠	204分水闸至蒲河（南北干渠）	景观泄洪、农灌	30
7	白塔堡河	中小型天然河流	浑南区老塘峪至浑河曹仲屯	泄洪排水和景观	48
8	细河	城市排水人工河	十四мест闸至浑河辽中黄蜡坨子	泄洪与排水	78
9	蒲河	中型天然河流	棋盘山水库至浑河辽中入口	泄洪排水和景观	162

沈阳市中心城区水系：沈阳市中心城区包括大东、沈河、皇姑、和平和铁西5个行政区，面积近3500km²。始建于1911年的北运河主要用于农灌输水，1985年建设的南运河主要用于城市景观。这两条河均以浑河水为水源。由图1-2可见，沈阳市环城水系由南运河、北运河和卫工明渠组成。南运河东起新开河，西至龙王庙闸门，并经龙王庙闸门排入浑河，河道全长15km；北运河城市段东起东陵进水闸门，西至蒲河起点，全长约30km；卫工明渠全长8.7km，水源为少量北运河河引水和北部污水处理厂尾水，流向由北向南后汇入细河。至今，环城水系的主要功能为城区景观建设，北运河仍为西北地区农灌用水的主要输送河。

图 1-2　沈阳市中心城区水系

1.2 水资源

气候条件影响：沈阳市具有天然水资源补给的有利条件，但城乡快速发展所面临的对水资源需求量增长和供给量不足的矛盾日显突出。就气象条件的影响看，北方气温的四季变化显著，冬夏最大温差高达50℃以上。冬季低温影响了地表径流，是形成河流枯水期的重要原因。北方地区的强降雨多集中在夏季，其他季节河道补水量极少，由此导致河流水的四季变化显著，春季和秋季分别呈现有冰雪融水的补充和渗漏损失量降低的特点。

水资源的人工控制：基于自然供水条件无法满足城乡四季用水的需求，几十年来人们越发注重通过人工调控对年度分布不均的水资源予以蓄积和利用，以满足对饮水、农灌、景观和其他用水的需求。浑河流域的水量变化在很大程度上受上游大伙房水库的影响。建于1954年的大伙房水库位于抚顺市市区以东20km处（图1-3），汇集了浑河、苏子河、社河等河水。水库将浑河拦腰分割，最大蓄水量为21.8亿m³，常年蓄水量在10亿m³左右。大伙房水库的建成使浑河的功能由原来依靠自然条件实施的农灌、城市供水、补充地下水、小规模航运等变为可通过人工控制来发挥防止洪涝灾害、蓄水农灌、城市供水、补充地下水、小规模水力发电、淡水养殖等方面的作用。大伙房水库建成后，农灌季节开闸放水，通常流量可达150m³/s以上，每年10月初到翌年4月末水库停止大量放水。近年由于水库库存水量有限，汛期外每年仅放水1个月，其他时间段均停止放水。

图 1-3　浑河上游（抚顺）大伙房水库

1.3 典型的水生态特征

自然与人为条件影响：水生态是水环境所具有的功能及对区域生态系统的支撑和对社会环境发展所具有的良性促进作用。因其受自然条件和人类活动的影响，具有区域性和水系间的差异。沈阳市的水生态明显受北方气候条件和人工控制的制约，特别是可以显著分成冰封期、供水中温期和高温丰水期，3个时段比例大致为31%、48%和21%。受自然条件影响的显著特点是径流量低且季节差异显著，受人类活动的主要影响为纳污量不断增加，水资源人工调控使河流的生态水量严重受限。

河流冰封期特点：北方河流有近4个月的冰封期，该时段河流的水流量减少或枯竭，河水利用率降低，气液接触和相互作用中止以及水生物死亡或处于休眠状态。冰封导致水体复氧能力差，自净功能减弱，水质和底质质量降低。小型排水沟渠受纳的有限水量难以汇流到河流。图1-4为河流冰封期状况。

图1-4　河流冰封期状况

中温期特点：每年3月中下旬至6月和9月下旬至11月为中温期，水温多在20℃以下。该时段亦为平水期，河流得到了冰雪融化和少量降雨的补充。近年来中小河流的水库和人工蓄水能力不断加强，该时段的人工调水量不断加大，除农灌供水外，景观补水也重点被调控在这一时段，调控水使流域水体得到补充和部分置换，水生生物开始复苏和生长，水质表观状态良好。图1-5为河流平水期状况。

图1-5　河流平水期状况

高温期特点：高温期主要指 7、8 月雨量充分且水温较高的时段，该时段降雨和水库弃水量较大，河道渗漏量趋于平稳，干流和支流水量充分。气温和水温均达 20℃以上，光照变强，水生物活动加剧，底质对水质的作用增强，河道生物作用等自净功能加强，局部黑臭和富营养化症状显著，二次污染现象多发。图 1-6 为河流高温期状况。

图 1-6　高温期水体状况

1.4　污染历史与变化

沈阳市水系的污染史与生态修复大致可分为 3 个阶段，即重污染阶段、污染源管控与河流污染控制阶段和河流水生态修复阶段。第一阶段是指至"九五"末期，全市中小河流和浑河达到历史污染最严重的水平，显著特征为排污量最大、处理率最低、河道黑臭现象非常普遍。第二阶段是指自"十五"起，以浑河整治为龙头，逐步推进中小河流的整治。"十五"期间，浑河整治成效显著。"十一五"期间，中小河流的整治全面展开，其特点为：结合老工业城市改造和新型乡镇建设，对相关污染源实施了关停并转和搬迁改造；通过城乡污水处理厂的建设，不断提高污水的收集处理率；通过河道改造和建设，使部分河流水质和功能发生了初步变化。第三阶段为"十二五"至"十三五"期间对中小河流全面实施的水生态修复和建设，市区和中小河流相关的污水处理能力大幅度提升，水资源调控和生态河道建设进入全面实施阶段，中小河流基本消除了黑臭，水生境向良性修复的阶段过渡（图 1-7）。

图 1-7　水质变化

沈阳市河流的历史性污染主要归结于 5 方面的原因。

（1）随着城乡人口的增加和工农业的发展，污水发生量不断增加。随着集水设施逐步完善，污水的汇集量亦不断增长。图 1-8 为典型的散排污水节点。

（2）污水的源内处理率低下。基于管理和经济等多方面原因，污水偷排和直排的现象非常普遍。

图 1-8　散排污水节点

（3）集中污水处理设施建设严重滞后，城乡经济建设与环境建设极不协调（图1-9左）。

（4）大部分河流断流和缺水的时段较长，对污水的稀释作用有限（图1-9中）。

（5）不注重河流的保护和建设，除泄洪和污水输送外，河流天然功能严重受损（图1-9右）。

图1-9 河流水质改善的受控因素

1.5 老工业基地改造与环境整治的契机

老工业区的改造与产业结构的调整：历史上，沈阳市铁西工业区是我国工业城市中规模最大、工业最密集的一个工业区。"一五"期间，国家对铁西区工业进行了重点建设。"二五"以后，铁西区逐步形成了大中小型企业结合的工业经济群体，在约40km²的工业区内建有国内重要的有色重金属冶炼、制药、化工、机床、橡胶、炼焦、电缆、铸造、输变电设备和阀门水泵等大中型企业。"九五"末期，铁西区排放的污水和污染物总量达历史最高水平，各类污水的排放使细河成为城市工业污水的河道，对流域农田和浑河造成严重污染。1988年6月，与铁西区毗邻的沈阳经济技术开发区成立，2002年6月，沈阳市将铁西区与经济技术开发区合并成铁西新区。2003年10月，国家正式实施振兴东北老工业基地的战略决策，沈阳市开始实施企业的"东搬西建"。铁西区在进行调整改造过程中，放弃重污染传统产业，发展新兴产业，对部分传统产业进行全新的重组和再造，至2008年，铁西区共搬迁企业239户，腾迁土地面积7.4km²。沈阳市老工业基地改造和产业结构调整为城乡建设和城市河流的治理与生态修复提供了良好的机遇。图1-10为老工业区场景，图1-11为铁西区改造后场景。

图 1-10　历史上的沈阳市铁西区

图 1-11　铁西区改造后场景

　　城市规划和新产业园区建设：随着老工业区的搬迁和产业结构调整，沈阳市的西部工业园区、北部工业开发区和东部新兴产业园区相继建成。其中西部工业园区分为铸锻工业园、化学工业园、冶金工业园和沈阳张士出口加工区。铸锻工业园将区内企业的铸造、锻造进行集中生产。化学工业园的总体目标是以煤化工、石油化工、氯碱化工、精细化工及橡胶制品 5 大核心产业为主导，建成东北新型化工产业基地。冶金工业园将建设成为装备制造业服务的资源循环型工业园区，重点发展再生资源、金属深加工、新材料研发、金属物流配送等 5 个产业组团，成为东北乃至全国重要的金属原材料及深加工产业基地。沈阳张士出口加工区规划面积 62 万 m^2，重点发展高精机械、电子信息、环保设备制造等高新技术产业，目标是建成高产值、高附加值、高科技含量、高创汇水平的出口加工产业基地。

生态城市和新农村建设：通过搬迁盘活土地资源，利用工业企业搬迁腾出的土地，在原工业区大力发展现代第三产业，打造现代商贸生活服务区。随着沈阳市城区逐步扩大，沈北地区、浑南地区和西部地区的相关县区受城区的影响增大，加快了实施新农村建设的步伐。新农村建设主要包括住宅区的改造、农产品加工业和特色工业园区建设、绿地和特色农业生产基地改造建设。新型乡镇和新农村的建设与区域生态环境建设同步实施，各地区相继开展了以河流为主线的生态廊道建设，以环境建设和变化驱动区域经济和社会的发展。自"十五"开始，沈阳市先后实施国家环保模范城市和生态城市建设系统工程，蓝天碧水工程有序规划和实施，单一污染控制型管理开始向水生态型管理过渡。

1.6 污水处理与污水处理厂建设

城乡污水处理设施的初期建设：城乡污水的收集与处理是水环境保护的重要基础和支柱，污水处理率是决定水环境质量的关键因素。沈阳市中心城区建有北部、南部和西部三大排水系统，东部排水量小且较分散。至"八五"末期，沈阳市城乡污水处理设施为空白，"九五"期间建设了全市第一座城区污水处理厂，由此开辟了沈阳市污水处理的新纪元。"九五"至"十五"期间，沈阳市逐步推进了城区污水处理厂的建设，先后建设了北部、南部（沈水湾）和西部（仙女河）污水处理厂，使城区污水处理率不断提升，但大量污水的直排仍是阻碍水系环境质量彻底改善的重要因素。"十一五"至"十二五"期间，城区污水处理设施的建设和完善带动了区县污水处理厂的建设，城乡污水处理率显著提升，为浑河和中小河流的水质改善和水生态建设奠定了坚实的基础。

"九五"期间的北部污水处理：至"九五"末期，沈阳市对城区北部大部分污水进行处理。位于沈阳市西北部的北部污水处理厂是沈阳建设的东北地区首座大型城市污水处理厂（图1-12），该厂占地面积64km²，服务人口100余万。该厂于1994年8月开工建设，工程总投资5.97亿元，1999年6月末正式运行。处理工艺采用法国德利满公司的二级生物处理技术，生化处理采用完全混合活性污泥法和A/O脱氮活性污泥法，两种工艺的生化段规模各为20万t/d，日处理城市污水40万t。北部污水处理厂承担沈阳市北部城区污水处理，汇水范围包括皇姑区、大东区北部、沈河区北部及于洪区部分地区，汇水面积达到70km²。

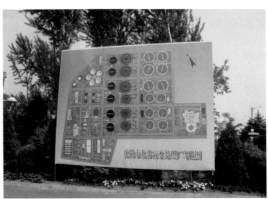

图 1-12 北部污水处理厂

　　"十五"期间城区南部污水处理：位于于洪区汪家村兴凯湖街的沈水湾污水处理中心建于 2002 ～ 2003 年（图 1-13），是沈阳市实施的南部排水系统末端污水处理工程。该厂设计规模为每日处理 20 万 t 城区南部污水，工程总投资 2.6 亿元，处理工艺采用浮动填料法。沈水湾污水处理中心 2003 年 11 月正式投入运行，处理后的水质达到《城镇污水处理厂污染物排放标准》（GB 18918—2002）的二级标准。该污水处理中心建成后使沈阳南部地区的部分污水经处理后排入浑河，浑河水质得到初步改善。

图 1-13　沈阳市沈水湾污水处理中心

　　"十五"期间城区西部污水处理：沈阳仙女河污水处理厂位于于洪区揽军路南侧的细河东岸（图 1-14）。该厂建于 2003 年，工程可用占地仅为 5.7hm^2，污水处理厂总体规模40 万 t/d（其中，一期工程 20 万 t/d，二期工程 20 万 t/d）。该厂是贯彻落实国家"十五"辽河治理规划的产物，它能够满足当时铁西地区大部分污水的处理需求，使昔日污染最重、感官最差、成分最复杂、毒性最大的城区西部污水得到有效的处理。该厂采用高密度沉淀池＋生物滤池工艺，进水化学需氧量（chemical oxygen demand，COD）在 700 ～ 900mg/L，处理后水质达到《城镇污水处理厂污染物排放标准》（GB 18918—2002）的二级标准。

图 1-14　沈阳市仙女河污水处理厂

　　"十五"期间城区东部污水处理：2003 年沈阳市建设了东部 2.5 万 t/d 的满堂河生态型污水处理厂（图 1-15），主要处理污染严重的满堂河河水和马官桥地区市政污水，处理后的水排入城市运河。该工程的建设解决了长期以来的满堂河水水质污染，改善了沿岸生态环境，保证了浑河和运河景观水质需求。该厂服务面积为 64.26km²，规划服务人口为 9.3 万人，污水截流量为 3 万 m³/d 左右。满堂河污水处理工程是沈阳地区第一座采用人

图 1-15　满堂河污水处理厂

工湿地技术的污水生态处理示范工程。该工程的实施对沈阳市东部水系的建设，沿岸生态环境的改善，特别是小型化、生态化污水处理技术的推广具有重大意义，为我国北方缺水地区的污水处理与利用树立了样板，形成了集生产、研发、观光与环保宣传教育为一体的污水处理生产与示范基地。

1.7 沈阳市水系污染控制与水生态修复的历程

自"十五"初期，沈阳市实施了水系环境综合整治的系统工程，工程实施历经由城区向全市范围扩展，由大型河流向中小型河流延伸及由污染控制向生态修复过渡的过程。沈阳市水环境治理和变化历程表明，水系环境的生态修复是以污染控制为基础，以综合整治为核心，以水生态功能修复为重任和以人工建设和科学管理相结合的系统工程，该工程的实施必须发挥科技的支撑和先导作用，突破不同阶段的瓶颈。本书将结合沈阳市水环境整治的历程，总结介绍水生态修复的经验和技术，目的在于促进沈阳市水生态建设的科学发展。

2 水生态监测与解析

水生态修复需要建立完整的监控体系，监控内容应满足修复与建设目标的需求。水生态监控重点之一在于对水环境质量的监测，其中包括对水质、环境受控因素变化、各类排污排水影响以及突发事故等进行监测分析，目的在于掌握水环境动态、发现问题，有助于采取必要的对策和相关工程的科学实施。"十二五"期间，沈阳环境科学研究院结合水专项的研究，建立了比单一污染控制更为完整的水环境监测解析体系，其中包括监测指标、设备、方法和制度等，为水生态研究、监控和管理提供了技术支持和保障。图2-1为有关水生态监控解析的场景。

图 2-1　水生态质量监控

2.1　现场监测与实验分析

在现场对环境因素和水质部分指标进行监测，在实验室对某些指标进行分析。在现场进行必要的水质特性检验的简单实验，如絮凝物体积、溶解氧（dissolved oxygen，DO）变化特性检验等。

通过色别和浊度的定性和半定量检验，可初步了解水质的污染类型和水平。如，浊度代表水体的污浊程度，色别可反映排污的一次污染物影响和藻类物生成的二次污染物影响。色别的异常变化可显示特殊污染事故的影响（包括工业污水的排放）。图 2-2 为不同类别水体的表观特征。

图 2-2   不同类别水体的表观特征

图 2-3 为沈阳市蒲河各断面水体色度的变化情况，显示了流域水质的变化。上中游段的集中排污导致水体色别色度（左侧 5 个样品）大于下游段（右侧 5 个样品），色别显示了排污和藻类物的综合特征。下游突出了藻类物的影响。

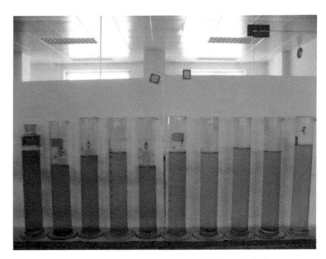

图 2-3   沈阳市蒲河各断面水体色度的变化

2.2 水体的 DO 测试

水体 DO 含量是反映水生态特征的代表性指标，不同污染类水体导致 DO 的代表性异常变化。通过 DO 测定，可初步判定水体的污染水平、污染类型和污染特征。在此测定基础上，可通过其他指标测定，全面解析水体的污染状况。图 2-4 为水体 DO 的现场测试。

图 2-4　DO 测试

图 2-5　水体类别与特征

严重受有机污染物污染的水体，其 DO 明显偏低（通常在 4mg/L 以下），其昼夜和季节性变化很小。由于水体缺氧，水多呈黑褐色并具有明显的恶臭气味。对于 DO 在 2～3mg/L 的水体，其 COD 值多在 90mg/L 以上。通过 DO 的判定，即可确认黑臭水体及污染水平。

中等污染型水体，其 COD 通常在 50～80mg/L，其二次生成物的污染特征显著。这类水体的 DO 变化异常且变化幅度很大。通常为 5～12mg/L，特别是受水生藻类物的影响，昼夜间的最大 DO 差值可达 8mg/L 左右。水体 DO 值的垂直分布显著。

较清洁水体的 COD 多在 40mg/L 以下，其 DO 多在 6.5～8.0mg/L，DO 的昼夜变化和季节性变化很小（不包括水温变化的影响）。通过 DO 的测定，可以确认某些清洁型水体，减少其他指标的确认分析。有关水体上述特征见图 2-5。

2.3 水质检验

水质的解析需对水样中各类污染物的浓度进行分析，根据分析结果确认水体的污染水平和污染类型。对以生活污水污染为主要特征的河流，主要对 COD、氨氮、总氮和总磷等指标进行测试分析。水质分析可采用符合规定的不同方法和设备来完成。

2.4 底质检验

水体的底质质量可反映水体的质量、变化状态以及河床自净的能力。污染物的沉降分离有利于水质改善，但会加剧底质污染。如果底泥的自净能力较强，污染物的降解速率较大，自净产物会进入水体。图 2-6 为底泥样品的采集。

图 2-6 底泥样品的采集

对底质的监测可采用市售或自制的采样装置对河床表层和不同深度的底泥样品进行采集，对黑度、臭度、含水率、灰分等进行测定。根据对底泥中生物和化学成分进行分析，也可进行有关污泥的特性和影响实验（图 2-7）。

图 2-7 底泥分析

2.5 水体可絮凝物检验

通过化学絮凝对水体可絮凝物进行定量检验。可通过絮凝物体积了解水体的污染水平，通过絮凝物的沉降速度、色别及色度变化等判定一次污染物和二次污染物的比例及水体污染的成因，从而为陆源污染控制和水生态调控提供依据。图 2-8、图 2-9 分别为黑臭水体、富营养化水体和较清洁水体的絮凝物检验结果。

图 2-8 黑臭水体和重富营养化水体的絮凝物

图 2-9 中度富营养化水体和较清洁水体的絮凝物

图 2-8 显示的污染较重水体的 COD 分别为 89mg/L 和 70mg/L，左图显示了一次污染物的厌氧状况，右图显示了二次污染物的生成量和色度。图 2-9 左图为中度富营养化水体样品絮凝前后的变化情况，右图是较清洁水体絮凝物的色别和絮体状况，从中可见，无显著污水污染物絮体和藻类等生成物絮体。图 2-10 为城乡河流不同断面水体的絮凝物检验结果，由此可比较不同河段纳污状况和水体的污染特征。

图 2-10 城乡河流不同断面水体的絮凝物

2.6　冬季的水生境监测

北方河流的冬季冰层对水体覆盖使水体许多生态特征被掩盖，且以往缺乏对冬季水生态的监测和考查结果。通过冬季监测，可掌握河流的水质水量变化、水体自净功效的变化、水生物影响变化以及污染物迁移转化特征等。还可全面掌握北方河流的水生态四季变化，从而为水生态管理提供全面翔实的依据。

图 2-11 为冰层下水体和底质相关物理参数的测试。

图 2-11　冰层下水体和底质相关物理参数的测试

图 2-12 为在冬季径流水量最低时检验河道水质、水量和排水质量。图 2-13 为通过连续监测,掌握相关指标的昼夜变化,确认与夏季变化的差异,获取充实的对照数据。图 2-14 为对冬季水体絮凝物的检验和其他实验,获取冬季河湖水体、底质的变化特征。实验结果表明:冬季覆冰使水体复氧功能减弱、水生物量减少且活性降低;河流水流量降低且各类排水比例加大;水污染物的沉降净水因素加大,底泥量增加且自净功能减弱;水体温度和光照度较低。

图 2-12　河道水体质量检验

图 2-13　连续监测　　　　　　　　　图 2-14　相关实验

2.7 水环境受控因素及变化的监控

水生态的监控必须对相关影响和受控因素进行调查和监测，其中包括水量和水体构成的变化、排污量和排污事故导致的变化、尾水量和质的变化等。此外，还要对新增排水节点、水库等敏感点位的水质是否异常等情况进行监控。有关监控内容和监控场景见图2-15。

水量的变化

排污量变化和事故排污

污水处理厂尾水质量与异常的监控

新增排水节点的监控　　　　　　　水库等敏感节点水质异常的监控

图2-15　水生态质量受控因素的监控

2.8 便携式监测仪器和设备

水生态监测尽可能采用符合规定的小型化便携式仪器设备，其优点在于便于现场的即时测试和多点位测试。现场测试可灵活排除不利的干扰因素，选择代表性条件和地点，克服样品采集、转移和保存方面的不利因素。仪器包括大气和水体物理参数测试仪器、部分化学指标测试仪器和采样装置等。目前市场可选用的设备较多，可满足业务的需求。图2-16为部分可在现场和现场实验室应用的仪器设备。

便携式水体和底泥样品采集器

便携式水体物理参数测定仪器

便携式现场水质测试仪器

现场实验室用的中小型水质快速分析仪器

图 2-16 水生态监测仪器

2.9 实验室分析仪器和设备

　　某些水质常规化学指标、特征污染物指标和水生态监测解析相关指标的分析需要在实验室通过大中型仪器来完成。目前大专院校和科研院所的仪器设施较为完善且主要承担科研相关的分析任务。环境监测行政单位的仪器配置较齐备。目前部分监测任务委托第三方检测服务单位完成，第三方服务的设施条件不断完善，检测服务能力和质量快速提升，基本满足水生态研究解析的需求。图 2-17 是辽宁省某检测技术服务有限公司的仪器设备配置情况。

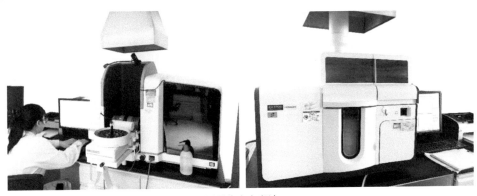

原子分光光度计

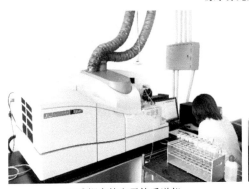

电感耦合等离子体质谱仪

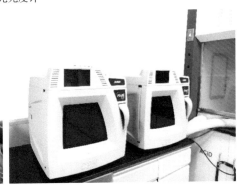

微波消解仪

气相色谱质谱联用仪

三重四级杆液质联用仪

图 2-17　水质分析仪器

2.10 现场实验基地

开展水生态监控与研究有必要在相关河湖建设监控与实验基地，以满足现场监测、实验和相关研究的需求。基地建设可使各项实验研究在实际环境状态下开展，具有方便、仿真、准确、节约人力物力等特点，是保证测试和实验数据准确、应用可靠的重要条件。图2-18为"十二五"期间在沈阳市蒲河建设应用的水生态监控实验基地。

实验基地由中国环境科学研究院、辽宁省环境科学研究院和沈阳环境科学研究院共建

开展水生态的调查和监测

开展水生态相关解析实验

图2-18　水生态研究实验基地

2.11 代表性解析实验

在实验基地可方便地利用室内外条件，结合水体复氧设备进行研发和性能检验，开展不同污染水体的 DO 变化解析实验，探讨其污染水平和外界条件对 DO 的影响和变化，验证以 DO 考核水生态的适用范围（图 2-19）。

结合水体的药剂净化水袋定量实验，解析不同水质的水生态指标和特性变化，还可连续跟踪测试指标的变化趋势。图 2-20 是检验经不同程度处理后水体的能见度、富营养化产物特性和水体色度等指标的变化。

图 2-19　DO 实验

图 2-20　药剂净水实验

图 2-21 是美人蕉净水的定量实验。结果表明，在水质较好条件下，单株美人蕉每日可去除氨氮、总磷、总氮和 COD 分别为 0.5mg、1.0mg、5.6mg 和 150mg。在水质较差时，每株美人蕉每日可去除氨氮、总磷、总氮和 COD 分别为 50mg、40mg、75mg 和 750mg。

图 2-22 是凤眼莲净水能力的定量实验。测试数据表明，单株凤眼莲净水能力明显优于美人蕉。对于污染物浓度高的水体，其吸污量大大增加，对于低浓度水体也呈现了相似的去除率。据此实验可验证水生植物对水体的净化作用。

图 2-21　美人蕉净水实验

图 2-22　凤眼莲净水实验

　　图 2-23 是结合生物飘带净水实验，监测水体生物对水质和相关指标变化的影响，解析不同污染水体导致 DO 和生物好氧类型变化以及生物净水的功效。实验表明，不同水质、气象条件和河道条件的生物净水功效差异较大。

　　图 2-24 是检验藻类物对水体 DO 变化的影响，采集不同水体样品经曝光和避光保存，观察 DO 的变化规律。通过该试验可掌握水体藻类物等浓度及对水体影响的水平和规律，为相关研究和管理提供有价值的参考依据。

图 2-23　生物飘带实验

图 2-24　DO 变化实验

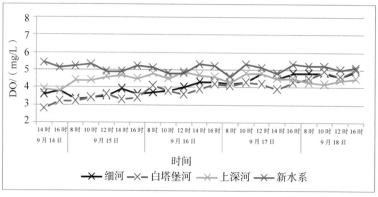

图 2-25　避光条件水样的 DO 变化

　　图 2-25 为避光保存水样 DO 的昼夜变化结果。由图可见，不同污染水平样品的昼夜变化和样品间的差异不大。图 2-26 光照条件的实验结果表明，水样 DO 的昼夜变化显著，昼间值明显大于夜间值。细河水污染最重，新水系样品最为清洁，白塔堡河和上深河水质居中。污染水样 DO（光照和非光照）初期变化不大且具有黑臭特点，后期变化大与水样自净有关。新水系水样两种条件无显著差异且 DO 较为正常，始终变化较小。

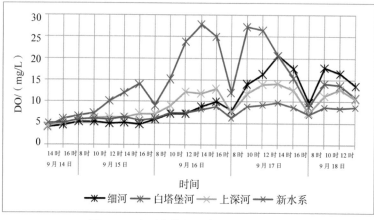

图 2-26　光照条件污浊水样的 DO 变化

在实验基地对蒲河典型断面COD、DO、悬浮物（suspended solids，SS）和水温等指标的连续监测结果表明，在夏季高温期时段，中等污染水体的指标测定值的昼夜变化显著且呈现24h内有规律的变化。各项指标呈现了较一致的相关性。光照、水温的变化导致了水体微生物的活性变化，亦对水体DO和COD等产生正相关的影响。由此可见，常规的水质采样监测应充分考虑高温期水质的日变化特点，确定有代表性的时机测试，并要依据测试时机等条件对测试数据进行科学的解析（图2-27和图2-28）。

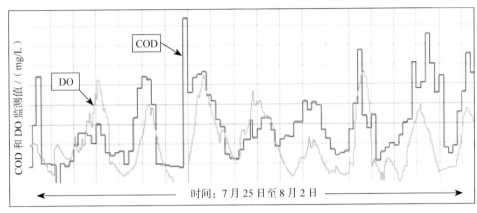

图2-27 COD和DO小时变化与相关性连续监测结果

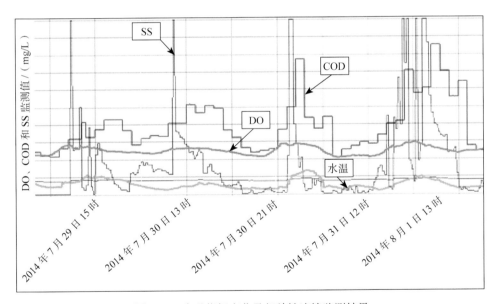

图2-28 多重指标变化及相关性连续监测结果

　　图 2-29 为"十一五"期间在沈阳市细河中段构建的离线湿地处理试验基地。该基地利用滩地原生植物生长场所，增设了生物塘和卵石床等设施，形成了功能较全的河水自净系统，结合相关实验获取了各种设施对河水净化的功效和技术参数，为河流的水生态规划和建设提供了依据。

河水湿地净化处理系统

系统的供排水设施

图 2-29　细河离线湿地试验基地

3 水生态修复技术单元和设备

根据水生态修复与建设的需求，沈阳环境科学研究院 10 多年来致力于研发河道污染控制和水环境质量改善的先进技术和实用设备，通过试验和应用使其不断得到改进和完善，逐步形成实用技术与设备单元。在沈阳市河流整治相关工程中，结合特殊河流和水域的特点，通过技术组合应用，提供了技术手段和设备条件，满足了整治任务的需求。

3.1 太阳能复氧技术

水体表面推流复氧技术原理在于利用低能耗电机带动水轮慢速旋转推动水面，促使水体上下迁移，通过水面与空气接触复氧，使水体 DO 值增加。这一技术最大优点是可通过太阳能设备提供能源，从而有利于推广且适用于较大水域面积的复氧需求。

图 3-1 和图 3-2 是沈阳环境科学研究院研制并应用于水系生态修复工程的太阳能复氧机。太阳能极板尺寸为 0.5m×1m，3 组搅水叶片转数为 6r/min。图 3-3 为复氧机和配备的蓄电装置及内部控制设备，蓄电装置可设置于岸上或水上。

图 3-1 太阳能复氧机研制   图 3-2 太阳能复氧机

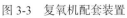
图 3-3 复氧机配套装置

夜间供电：太阳能复氧机实行双太阳能极板的双电路控制，一块极板用于日间工作，另一块极板将电能储存于电瓶中。通过工作电压和光敏开关控制其向复氧机送电的时段，从而保证了复氧机的工作效率，实现了设备的昼夜作业。图3-4为研制设备在河流的应用情况。

图 3-4　太阳能复氧机的应用

3.2　低电耗水体推流复氧技术

水轮式推水机以市电为动力，是消耗电力最小又适用于水体表流推水复氧的设备。该设备是对市售设备进行改制，将原电机功率由750W变为250W，通过减速机改装使叶轮转数由1200r/min降至30r/min，从而满足了河流应用的需求。图3-5为水轮式推水机的试验场景。

图 3-5　水轮式推水机

3.3 水下高效射流曝气技术

基于深层水和底质污染较重水域复氧的需求，沈阳环境科学研究院研发应用了高效射流溶氧技术。其原理为以水泵抽取处理水并通过空气自吸，经高效气体分配器使吸入空气中的氧随微小气泡均匀高效分布于水相中，富氧水和缺氧水在水体中对流并循环处理，达到改善底层水体 DO 的目的。图 3-6 为水下射流曝气设备的安装应用情况。

图 3-6　水下射流曝气设备的安装应用

图 3-7　小型喷水设备

3.4　其他复氧设备

目前市售的复氧设备较多，但基本以适用于景观构建和鱼类饲养设施的设备为主。图 3-7 为小型喷水设备，对于小型水塘具有一定的复氧作用，但仍属于以景观构建为主要用途的设备，该设备的电功率为 600W。

图 3-8 为大功率电耗的复氧设备，主要应用于鱼类等养殖场所。特点是复氧能力强，作用面积大，可快速改善水体的溶解氧的状况。这种设备采用 360° 平流推水技术，具有与太阳能复氧设备类似的功能。但较大的电能消耗限制了它在河流水体的应用。

图 3-8　大功率电耗的复氧设备

图 3-9　传统的水击式复氧设备

图 3-9 为传统的水击式复氧设备，应用于鱼类养殖业。电机功率为 3000W。以高速旋转叶片使局部水体提升分散，通过气液接触达到复氧目的。这种设备耗能大、效率较低，其电耗占养殖成本比例较大，电耗大和稳定性差使其不适于环境水体应用。

3.5　美人蕉浮岛净水技术

美人蕉的吸污能力较强,可种养于浮在水面的固定床上,植物的根部暴露性生长在水面以下,通过根部对污染物的吸附、吸收以及根部生物对污染物的氧化分解,达到净化水质的目的。该技术的特点之一是可人工种养和回收,既发挥净水作用又可防止其流失腐败产生二次污染。该技术已成功应用于沈阳市浑河、细河、蒲河和白塔堡河等河湖的水质改善工程建设中。

图 3-10 显示的是美人蕉浮岛的加工过程。浮岛采用市售的 5 ～ 10cm 厚的苯板,板面的大小可根据需要加工。苯板按一定间距钻孔(ϕ15 ～ 20cm),由竹条对边部和上部进行加固。美人蕉种苗以海绵条固定并置于苯板孔中。原生长于土壤中的美人蕉成功种养于水上,其长势不亚于岸上。图 3-11 是浮岛植物的生长情况。

图 3-10　美人蕉浮岛的加工

浮岛植物的生长

景观功效

植物根部生长状况

图 3-11　浮岛植物的生长

图 3-12 展示了植物浮岛后期处置的场景。美人蕉在北方的生长期长达 8 个月左右，其根部直接在水下发挥净水的作用。每年 11 月末将浮岛清理上岸，根部回收储存，供翌年发芽种养。回收植物按规定处置或利用，浮床经过维护保养后再次利用。

图 3-12　浮岛后期处置

实验结果表明，美人蕉的吸污能力较强，特别是适用于严重污染和中度污染水体的净化。美人蕉在较清洁水体中长势较差（图 3-13）。相对流动性水体，较强滞水区也影响对植物的养分供给。图 3-13 下图显示的是生长较好的美人蕉的叶部、茎部和根部。这种植物浮岛适用于对污染水体的净化处理。

图 3-13　植物生长特性

3.6 凤眼莲种养技术

凤眼莲是生长繁殖力极强的水生植物，在南方常因其疯长而难以控制；在北方采取围栏种养的方式，可发挥其净化水质的特有功效。多年应用结果表明，凤眼莲吸污能力强，适用于不同污染水平的水体。采用凤眼莲净水技术关键在于加工并应用适用其生长和回收的围栏。基于种养的周期性，现已用塑料管材加工的组合式围栏取代了原有的竹材围栏，实现了围栏的重复利用。围栏可根据需要任意组合，加工利用方便，具有防止植物流失、抗冲击力强、不受水位波动影响、有利于回收检修和重新组装等特点。图3-14是凤眼莲生长围栏的加工与应用。

图 3-14　凤眼莲围栏

　　凤眼莲种苗在春季置于围栏，每年6月起快速生长，密度过高时要部分移植，防止流失。11月末要将凤眼莲清理上岸，经晾晒后无害化处置或利用。凤眼莲种养和管理比较简单，合理设计种养面积可对改善水质发生明显的作用且受水质波动的影响较小。图3-15是凤眼莲种养情况。

图3-15　凤眼莲种养

3.7 生物飘带净水技术

　　该技术以往主要应用于污染源的污水处理。将其应用于特殊水环境的水质改善，可弥补植物浮岛净水功能的不足（表层水净化），形成更大的净水空间，提高有限水域面积的净水功效。用于水环境的飘带技术可根据水域面积，确定飘带组的数量和每组的面积。飘带可固定于塑料管材的方形浮体上，飘带组可任意组合固定、迁移和回收。飘带的种类可根据水体特征、安全运营条件等选择下垂式或上浮式的柱状与片状的市售材料。通常下沉式飘带可不受底泥、水位波动的影响，有利于转移和维护。片状飘带可不受水体杂物的影响，有利于维护和清理。飘带行距在 20cm 以上，可以保证水体的自然复氧和均质。有关生物飘带设施的加工与安装应用情况见图 3-16。

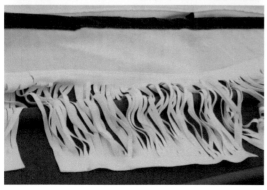

图 3-16　生物飘带设施的加工与安装应用

3.8　药剂净水技术

药剂技术较广泛应用于工业污水和废液的处理，但在河流的应用上，业内有着不同的见解和争议。药剂的水处理具有针对性强、高效快速和反应彻底等特点。除在应急处理上的应用外，对于有限水域的重污染水体，依靠自净改善水质往往需要很长时间和一定的条件，而在截污基础上采用药剂处理可快速改变水体的污染程度。药剂技术在水环境中的应用，关键在于保证水体的安全和最大限度降低其负面的影响（图 3-17）。

图 3-17　典型药剂应用的效果

消除黑臭：采用化学法对污水、污泥和黑液的除黑除臭效果显著。基于处理对象产生并散发恶臭气体的臭度大但发臭物质浓度极低的特点，采用氧化还原药剂可快速除臭，使厌氧状态水体过渡到好氧状态，恶臭物质被氧化成无味物质，其反应的彻底性和药剂需用量低是实现除臭的独特优势（图 3-18）。

图 3-18 药剂除臭

药剂净水：药剂净水的方法被人们广泛利用，通过化学反应及物理化学作用使污染物絮凝并分离于液相，从而实现水质的改善和集中固体物的分离的高效处置，改善了水体的自净条件并缩减了自净的时间。对于封闭性和滞流较强水体，采用药剂技术可使水质得到明显改善。对黑臭和重富营养化水体，可在控源基础上，通过一次性药剂处理，使水体水质得到根本性改变（图 3-19 和图 3-20）。

图 3-19　受化工污水污染水池的处理

图 3-20　食品加工废水池的处理

施药种类和施药量：常用的氧化除臭药剂有过氧化氢、次氯酸钙等。氧化剂的用量通常在 0.001% 以下即可获取较好的效果。净水药剂种类较多，要根据处理对象的特性来选用。药剂的应用必须在相关翔实的试验考证基础上实施，以保证药效和环境安全（图 3-21）。

图 3-21　施药试验

施药作业设备：施药作业设备既是保证人员作业安全的需要，也是使有限药剂发挥应有功效的必要条件。水陆域环境条件的差异对施药作业设备有不同的要求，既要方便人员作业且保证其人身安全，又要使药剂与处理对象充分接触混合，同时还要降低人员的作业强度，使作业实现机械化、自控化和连续化（图 3-22）。

图 3-22　水上和陆地施药设备和作业方式

3.9　富营养化产物的处理

重富营养化水体在特殊环境条件下极易导致水草和浮游植物的多发，通过人工清理其作业强度大且功效极低。为此可根据产物特点加工并应用产物清理船只，对产物进行高效的机械清理。有关设备和清理作业见图 3-23。

图 3-23 富营养化产物的清理设备和作业

4 水生态修复技术的集成与应用

河流生态修复要因地制宜，通过技术集成应用和系统工程实施解决不同河流的特性和共性问题。河流湖泊的污染控制与水质改善一是要基于陆域污染源的管理和污水的收集处理；二是要构建具有水质改善功能的河道净化系统，提高水体的自净功能；三是要提高水陆域污染事故应急处理的能力，实现时段性特殊污染的高效控制。

4.1 污水的收集与多元化处理

多元化处理是指污水收集处理的规模、技术和设施的多样化。特别是针对流经城乡的河流排污节点多、排水量差异大等情况，应建设不同规模的传统型、湿地型和沟塘型污水处理设施，提高污水的收集和处理率，通过技术创新使处理效率满足受纳水体的需求。图 4-1 显示的是兴建于沈阳市中小河流的人工湿地污水处理厂和 A^2O 型污水处理厂，这些污水处理厂规模多在数千吨每天至数万吨每天，满足了城乡污水处理的需求。

图 4-1 各类污水处理厂

4.2　生态河道构建与自净功能改善

人工技术与设施的应用除发挥自身功效外，还应有利于促进河道自净功能的改善。人工技术应保持与自净功能的协调和衔接，从而发挥二者的双重功效。生态河道的建设包括水资源调控、河道与护坡建设、两岸生态建设等内容。

水资源调控：水资源调控包括合理设计径流水的源头蓄积量和制订排放计划，保证河道的生态用水量。通过尾水质量改善，改善尾水对河流的补给质量。在某些河流可通过建坝蓄水，缓解四季供水不均，保持一定的水体面积。图4-2和图4-3是沈阳市部分河流的人工闸坝在枯水期、平水期和丰水期的过水情况：枯水期过水量极低；平水期有所改善；丰水期过水量较大，但时段较短。目前大多中小河流的枯水期、平水期的过水量主要取决于各类排水的水量（图4-4）。

图4-2　人工闸

图4-3　橡胶坝在枯水期、平水期和丰水期的过水情况

图4-4　尾水补充河道水的资源化利用

图 4-5　生态型河道

生态型河道的建设要体现河道形状、弯曲度等的多样性变化。要改变为增大水面而采用大面积浅水型河道的构建方式，河道的最深处应达到 2m 以上。河床应体现高低多样化的自然状态，满足多样化水生物的栖息条件。图 4-5 是理想生态型河道。

生态型护坡的建设应在满足泄洪需求基础上，尽可能通过人工建设形成河流原始护坡的风貌，以有利于生物的栖息、水土交换和护坡的净水作用。堤岸的种养植物应适应当地的条件，保证植被的生长态势和应有的功能（图 4-6）。

图 4-6　生态型护坡

图 4-7　河岸人文设施建设

河流的两岸要合理设计保留水生态保护区，建设的保护区应体现自然和人文景观的结合，发挥改善水质、改善生物生存环境和自然与人文景观环境的作用。河流两岸的道路应以方便于游览的景观道路建设为主（图 4-7）。

4.3　富营养化水体的综合整治

各种原因导致北方城市中小河流的滞水区域扩大，且受一定程度污染，导致富营养化的现象比较普遍。对这类水体的治理可采取包括复氧、植物浮岛净化、生物飘带净化等内容的集成技术，增强人工措施和水体自净的能力。图 4-8 展示了 4000m² 水域的整治功效，由此说明通过集成技术应用可促进滞水区水质的改善。图 4-9 为水体治理采用的技术和设备。

图 4-8　河道滞水区治理前后水体对照

图 4-9　富营养化水体整治的技术与设备

4.4　黑臭河道的整治

　　黑臭河道的整治首先要终止各类排污源的污染物排放，在此基础上通过安全的药剂技术使水体质量改善，进而通过复氧、植物净化等技术，加快水体修复和水质改善的进程。对重污染水体施加少量安全药剂可使污染物与水体分离并浓缩沉降于底泥中，增强其氧化分解的速度和效率。图 4-10～图 4-13 展示了黑臭河道的治理过程和采用的技术设备。

图 4-10　治理前的污染河道

图 4-11 采用药剂技术消除河道黑臭并改善水质

图 4-12 安装复氧设备改善水体良性自净功能

图 4-13 通过种养植物浮岛进一步改善河道水质

4.5 污染支流河的河道污染控制

各种小型排污沟渠往往对受纳河流产生较大的影响，除应控源降低排污负荷外，还应在排污节点的入河口处构建必要的污染阻控带，如种养大面积的植物浮岛，修建包括浮岛、复氧设备和生物飘带的立体净化系统等。应根据排污情况和河口具备的条件，筛选并组合应用高效的技术和设备，实现污染阻控带建设的目标。图 4-14 是在支流河口种养大面积植物浮岛用于净水。图 4-15 是在支流入河口前建设的水体主体净化系统。

图 4-14 河口植物浮岛净水（小流水量）

图 4-15 污染支流的河口立体化净化系统（较大流水量）

4.6   特殊废液的禁排与处理

除水域污染事故的应急处理外，还应针对各类有毒有害废液排放的隐患，通过移动式或固定式处理设施对这类废液进行处理，消除其向水环境转移的隐患。这类处理设施通常含化学处理和物理净化等组合式工艺设备，通过技术集成和工艺调整可满足各类废液处理的需求。图4-16是代表性移动式处理系统和相关单元设施。

图 4-16　移动式处理设施及构成单元

4.7　河道污染事故的应急处理

各类突发性排污事故往往造成受纳水域局部的严重污染，在具备条件的场合可通过应急处理控制污染区域的扩大，削减受害水域的污染负荷，降低污染事故的危害。应急处理可采用包括安装污染阻控带、实施药剂处理和污染物收集处理等内容的集成技术和设备。河道应急处理的技术和设备已在北方河流的治理中不断得到应用和推广。图 4-17 是代表性应急处理场景。

图 4-17　河道污染事故应急处理场景

5 水上作业通用型设备和设施

根据水上监测、实验研究以及水上相关工程建设的需求，配置各种作业船只和设施是必要的条件。市售的船只大多不适合进行水上作业，只有较小的船只可满足监测作业需求。作业单位应根据作业特点和需求设计加工合适的作业船只和设施。水上作业的其他专业设备可根据需要选购或加工。

5.1 作业船只

较大型船只可改造成用于特殊水域除臭等的作业船只；小型船只适用于各类水体的监测和考查，不易受水下复杂条件的影响。图 5-1 为适用于水上作业的各类船只，其中包括沈阳环境科学研究院自行设计加工的可用于河上作业的多功能船只。小型充气船具有运输方便的特点，适用于应急性调查和监测。图 5-2 为浑河治理工程所配备的各类船只。

图 5-1　适用于水上作业的各类船只

图 5-2　用于浑河治理的码头和作业船只

5.2　水上作业平台

目前市售的用于组合搭建水上码头的浮块还可用于拼装水上作业的船只、平台和试验设施的浮体。这类浮块具有质量小、浮力大、可任意拼装、方便运输等特点，相比市售和加工的船只，具有更方便、更安全的特点和优势（图 5-3 和图 5-4）。

图 5-3　浮块和组装的作业平台

图 5-4　组装的水上作业设施

5.3　其他的水域处理专用设备

图 5-5 中是用于水上施药作业的船只、适用于浅水水域底泥清理的作业设备和用于重富营养水体的水草清理设备。这类设备基本没有定型的市售产品，但可根据不同水域作业的需求，利用设备和设施进行加工和组装。

图 5-5　水域处理专用设备

5.4　作业和试验容器

图 5-6 是以防渗漏软性材料加工成的水域、陆域作业和试验容器,既可满足水上水处理仿真定量试验的需求,也可用于污水与废液的收集、处理中间液的保存以及施药作业的药剂配制等。其保管、运输和使用方便,可根据需要加工,满足不同用途的需求。

图 5-6　加工的作业和试验容器

5.5 输水设备

图 5-7 为可配备于水上作业船只和平台的输水设备。抽水机是用水转移、河道清理作业等必备的设备，具有不受电力控制，携带方便和输水距离远等特点，在浅水区难以机械动力行驶的作业平台，可用其推进航行。

图 5-7　配备于水上作业船只及平台的输水设备

水泵也是水域、陆域作业的常用设备。因其依靠电力且容量有限，适用性差于抽水机。但在需有限水量的长时段供给且具备供电的场合，其应用仍具有独到之处。图 5-8 为使用水泵进行河道定点连续监测的供水系统。

图 5-8　使用水泵进行河道定点连续监测的供水系统

5.6 供电和动力设备

发电机是野外作业的常用设备，在水上作业时可根据需要配备合适的发电机，用于供电（图 5-9）。

图 5-9 作业用发电设备

可选用市售的船用挂机作为不同作业船只和平台的推进设备。挂机的选用应考虑其性能的优劣、功率的适宜、维修保养的方便、易损部件的更换、吃水深度以及质量等（图 5-10）。

建立水上作业设备和材料的保管库房，健全设备材料的管理、保养和使用制度，保证各类器材满足作业和安全施工的需求。此外，还应有专业维修人员及时有效地对设施进行加工、维护和修理，保证相关任务和工程的实施。设备库房见图 5-11。

图 5-10 行船动力设备

图 5-11 设备库房

6 浑河沈阳段的整治与变迁

至"九五"末期，沈阳市"母亲河"已由"浑"过渡到"黑臭"，环境不堪重负，城市深受其害，人们深受其苦。"十五"初期，以浑河治臭为突破口的浑河整治工程掀开了沈阳市水环境整治的序幕，清淤、截污、污水处理厂建设、两岸建设等工程相继实施，三年内浑河水环境快速改观。同步实施的大气环境治理和固废处理等也取得显著成效，经多方努力，沈阳市环境巨变，2006 年荣获"国家环保模范城市"称号。

2001 年年末，沈阳市政府下达了治理浑河恶臭的任务，沈阳环境科学研究院突破污染解析、技术设备研发和成果转化应用等瓶颈，指导并参与重点工程实施，经受了繁重的技术压力、体力劳动以及心理上的考验，为水环境生态建设做出了应有的贡献。

6.1 浑河污染

图 6-1 是"九五"末期，浑河成为国内罕见的黑臭型河流，主城区每日数十万吨污水经五大排污口和支流河排入浑河。

图 6-1 排污口

图 6-2 是浑河枯水期、平水期的污染场景。污水淤积，底泥上浮，河床裸露，黑臭强烈。

图 6-2　河道的水体污染和裸露的底泥

6.2　流域生态环境的破坏

　　至"九五"末期,浑河流域的生态环境破坏达到触目惊心的状态,两岸资源严重破坏,生态功能严重受损,各种违法弃污行为非常普遍,流域成为环境管理的空白地带。图 6-3 为河道和两岸环境的破坏。

原有林带被破坏

河道和两岸成为生活垃圾和建筑垃圾排弃场所

肆意开采砂石导致河道和护岸严重受损

两岸岸边建立的养殖场、废物收集场、燃煤加工厂、混凝土加工厂和固废填埋场等

6.3　水资源及受控

浑河是季节性受控型河流。为保证流域的生活和农灌用水，位于抚顺的大伙房水库蓄水并按计划为浑河供水，流域的生态用水量严重受控。

图 6-3　河道和两岸环境的破坏

沈阳主城区河道建有两坝一闸用于河道蓄水。图 6-4 是青年桥下游的浑河拦河坝和泄水闸。图 6-5 是砂山橡胶坝及蓄水和泄水的水位变化。

图 6-4　青年桥闸坝

图 6-5　砂山橡胶坝

图 6-6 是莫家堡大闸及蓄水和开闸放水的状况。

图 6-6 莫家堡大闸

两坝一闸的冬季泄水一是基于河道污水的蓄积污染，二是设施不具备防冻功能。由此导致河道近 6 个月的河床裸露，近 5 个月靠闸坝蓄水形成强滞流性水体，在近 1 个月时段内通过农灌供水和汛期弃水形成流动性水体（图 6-7）。

图 6-7 闸坝排水和蓄水情况

6.4 浑河综合整治方案和关键技术突破

为技术支持沈阳市的浑河整治，沈阳环境科学研究院 2001 年组织人力开展了浑河污染解析、整治方案研究和关键技术研发，组建了河流研究治理的团队，为浑河和水系的连续整治提供了技术支持和保证。

经过详尽的调查研究，科技人员查明了浑河发臭与污染的特征、成因、水平、规律和受控因素，制定了治臭和综合整治的技术方案。经过反复论证和完善，方案得到专家和政府的认可，为浑河治理奠定了基础（图6-8）。

图6-8 浑河治理调查与方案制定

浑河治臭需要在特殊时段针对重污染河段施加除臭药剂。在对国内外招标时，投标者提供的药剂效果未能通过验证，其价格也让人无法接受。为此，沈阳环境科学研究院自主研发了高效、安全和廉价的除臭药剂，取得了关键的技术突破（图6-9）。

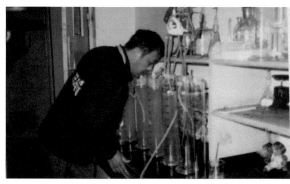

图6-9 除臭药剂研发

中试：为确保研发的复合药剂应用于大面积水体和发臭污泥的除臭，科技人员在现场开展了大量的应用试验，其中包括适用于不同场合的药剂种类、配比和浓度，考察其药效、保持时间和最佳施药量。通过中试和放大试验，确定了浑河除臭的药剂应用方案和工程实施目标。试验结果表明，通过氧化还原化学反应和隐蔽药剂的物理干涉作用，可使用极低量的安全药剂有效消除恶臭（图6-10）。

图6-10　药剂应用试验

设备来源：除臭作业首先要在无船行驶的浑河上解决作业需用的船只问题。在初期缺少资金的情况下，科技人员以汽车轮胎作浮体加工了作业船只，首次进入了浑河水域。后来以铁桶代替轮胎，使之更安全。后期资金问题解决后购置了船只改造成深水施药船（图6-11）。

图 6-11　作业设施研发

除臭作业方式：依据药剂试验结果和加工改造的设施，在浅水区以加工作业船只施撒液体除臭药剂为主，用施药杆和喷枪喷洒高浓度药剂。在深水区以改装船只用高压水泵喷洒经河水连续稀释的药剂为主，喷射距离远、面积大、速度快。在污泥裸露区用小型设备或人工施撒固体或液体除臭药剂（图 6-12）。

图 6-12　作业方式

对排污口进行部分封闭并设置固定式施药设施；筛选植物并确定其种养方式，用于局部水质净化（图6-13）。

图6-13　相关技术对策

研究制订的浑河治臭施工设计通过审定，沈阳环境科学研究院中标，承担工程建设任务（图6-14）。

图6-14　承担治理工程任务

6.5　工程准备与设施完善

2002年年初，沈阳环境科学研究院在浑河城区段中上游段营建了第一个浑河治臭工程基地，自己动手构建了简易实用的各类设施，包括工作室、实验室、食堂、器材库、码头和药剂配置设施等，以最低的消耗建成了简陋但功能齐全的试验和工程实施基地。百年来浑河无行船，在复杂、污染、危险的河道作业必须解决作业船只问题。科技人员自己动手以废轮胎等废弃材料加工了第一艘作业船并在浑河下水试行，从而为工程的安全顺利实施提供了保证。

　　2002 年年初建于五里河排污口处的试
验工程基地，2003 年以简易房屋取代了帐
篷。初期修建的固定式码头严重受水位变
化的影响，后改为浮动式码头，条件的艰
苦未影响试验和工程的实施。图 6-15 是五
里河段工程实施的各项准备工作。

图 6-15　五里河段工程准备

图 6-16 是 2003 年建于工农桥排污口处的城区中下游段工地，工地上建有条件稍好的办公室、实验室、器材库、药剂库和食堂等。科技团队在该工地完成了工农桥段的治臭任务。

该河段水域面积较大，工地配备作业船只 10 艘，在龙王庙等排污口安装固定式施药设施。该处排放污水和河面垃圾量远大于上游的浑河桥段。

图 6-16　工农桥段工程设施准备情况

由于枯水期河岸近处水浅难以行船，故将浮动码头设置在深水处并通过浮桥连接，水位上升后将码头近移。图6-17为药剂配制设施，图6-18分别为设置的垃圾防护带、食堂、水生植物种养围栏和固定设施。

图 6-17　药剂配制设施

图 6-18　工程相关设施建设

6.6 治臭工程实施

2002 ～ 2004 年科技团队分别实施了浑河桥段、工农桥段和铁路桥段的治臭工程。通过应用研发技术和成果，将水体、裸露底泥的恶臭强度控制在 2 级以下，实现了工程设计目标。图 6-19 为药剂治臭工程实施的场景。

图 6-19　治臭主体工程

图 6-20 分别为水体和污泥药剂除臭作业、排污口封闭和固定式施药设施作业以及作业人员清理河道垃圾的场景。右图为实施的水生植物种养工程。重点作业时段为枯水期、平水期。

图 6-20　其他治臭工程

图 6-21 为首次在浑河种养的水生植物生长状况。2002 年,科技团队首次将陆生美人蕉移植到水上种养并获得成功。大面积植物种养抑制了排污口近区的恶臭污染,促进了水质改善。在丰水期重点加强了排污影响区域的污染控制。

图 6-21　植物净水工程

6.7　其他治理工程的实施

按综合整治实施方案和实施计划,2002 ~ 2004 年沈阳市相关部门先后实施了河道清淤工程、护岸整治工程、污水截流工程、污水处理厂建设工程和两岸开发建设工程。这些工程的实施实现了浑河的彻底治理和水质的不断改善(图 6-22)。

图 6-22 其他治理工程

城区污水处理厂的建设受用地的影响，更受引排水设施建设的施工影响。2003 年，浑河城区段水质由黑臭过渡至中度富营养时段。2015 年沈阳南部污水处理厂建设方解决了城区中下游污水全部处理的难题。

经综合整治后的浑河新貌，沈阳人几十年期盼变成了现实（图6-23）。

图 6-23　浑河新貌

由图6-24可见，2003年浑河有鱼了，鹤群回归了，游泳队伍可以下水了。两岸开发建设促进了沈阳的经济发展，推进了城市生态环境的建设。经过闸坝改造，以往冬季河道弃水清空已经成为历史，河道四季蓄水使城市环境发生了巨变。防护林带和景区建设使两岸成为数十千米的生态景观长廊。

图6-24 浑河流域生态建设

目睹水环境受害和治理艰难的环保工作者意识到向人们宣传教育环境保护的重要性，自2002年起，科技人员不断在治理工地建立宣传基地并举办多种形式的宣讲演示。各级领导、国内外友人和沈阳市民不断在此体验浑河的变化和学习水环境保护的知识（图6-25）。

领导的信任、支持和鼓励

不负重望、不断迎接挑战的科技团队

图 6-25　支持与社会效益

7 沈阳市细河的治理与污染控制

细河是沈阳市老工业区以工业污水为主的城市排水汇集输送河流。细河发源于铁西工业区，全长约78km，汇水面积约99km²，于沈阳市辽中境内入浑河。历史上重冶、制药、化工、炼焦等行业废水的直排导致细河水体、底泥和流域土壤的重度污染，日受纳数十万吨污水的细河成为沈阳市向浑河泄污量的最大支流河。"十一五"期间，继浑河的整治成功，沈阳市将细河治理列入环境整治重点工程，先后实施了环保清淤工程、河道污染控制与生态修复工程和污水处理厂建设工程。西部新兴工业园区的建设为工业污水的特殊处理及保证区域污水处理厂的安全运行创立了有利的条件。沈阳环境科学研究院结合水专项研究，对细河整治予以全方位技术支持并参与了重点工程的实施。细河源头段集中排污口见图7-1，细河流域的排污节点见图7-2。

图 7-1 细河源头段集中排污口

图 7-2 细河流域的排污节点

7.1 细河的污染历史

细河源头段的污水集中排放和流域众多的乡镇排污节点使细河污水的日受纳量达数十万吨，是典型的黑臭型人工河流。污水的厌氧导致流域黑臭显著，黑臭底泥蓄积量逐年增加，历史上采用污水灌溉的农田成为镉污染区而丧失了农用的功能。细河是工业区集中排污的产物，其受纳污水和污染物随产业结构变化而变化，细河污染严重影响了浑河的水质安全。

图 7-3 可见，细河还成为沿途村镇收集粪便的排弃场所。至2005年细河仍处于重污染水平，黑臭显著。

图 7-3　人为排污与水体

7.2　研究与实验

沈阳环境科学研究院于 2004 年年底在细河建设了实验基地，对细河污染成因、受控因素和污染规律等进行了深入解析，研究制定了细河综合整治方案，为相关工程的规划与设计提供了科学翔实的依据（图 7-4）。

图 7-4 河水和底质测试与考察

为技术支持细河清淤工程的安全实施，科技人员对细河底泥的积存状况、有害污染物在底泥中的分布与迁移状况、底泥特性及污染控制对策等进行了大量的实验研究，为确保细河有害污泥的彻底清理且防止污染物的渗漏流失提供了科学依据。

7.3 细河环保清淤

在各级政府的领导下，沈阳环境科学研究院和沈阳环保设计院等单位联合完成了清淤工程的设计和组织任务，先后于 2005 年和 2007 年对细河 25km 重污染河段的底泥进行了清理，在具备导流的河段实施机械清淤，在不具备导流的河段采用了国内先进的带水清淤技术，共清理细河底泥近 30 万 m³，排除了历史积存污染物对水系存在的隐患（图 7-5 和图 7-6）。

图 7-5 导水清淤

带水清理的污泥首先经管道输送至临时贮泥脱水场，泥水分离后，脱水污泥再被转移至填埋场处置。

图 7-6　带水清淤

图 7-7 为代表性带水清理污泥临时堆放场的建设和使用情况。堆放场采取阶梯式结构，有利于污泥的脱水、排出水的收集和回流至河道。

图 7-7　污泥临时堆放场

清淤是采用化学法对污泥进行氧化并对污泥中重金属予以固化处理，通过药剂与污泥的机械混合，达到污泥预处理的目的。图7-8是清淤过程中对污泥固化处理的场景，同时实施污泥清理和施药混合作业。

作业时通过喷洒除臭药剂消除作业场所恶臭，保持作业场所环境安全。

按技术规范设计了清理污泥的填埋场，填埋场具有安全的防渗漏设施、导气设施和渗滤液导流汇集设施，为污泥场的安全利用提供了保证条件。清理的污泥经自然晾晒后，全部转移至填埋场予以处理。至此，该项工程顺利结束并通过验收（图7-9）。

图 7-8 污泥安全处置

图 7-9　项目验收

渗滤液处理：细河清理污泥经填埋处理后，定期对渗滤液发生情况进行监测，分析掌握渗滤液的质变规律。在此基础上建立了渗滤液处理方法，研发了处理设施，连续 3 年对 3 处填埋场的渗滤液予以处理，处理后达到了污水处理厂的排水标准并用于填埋区绿化（图 7-10）。

 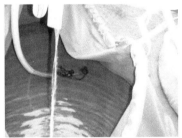 

图 7-10　渗滤液处理

图 7-10 中显示黑色渗滤液处理后清澈透明，COD 由大于 200mg/L 降至 50mg/L 以下，重金属基本处于未检出或低于排放标准的水平。渗滤液溶出污染物主要为有机物和还原性铜、锌和铁离子。

7.4　细河上游段纳污分支河道的污染控制

位于细河前端的卫工河自主河道分流的部分水，分水流经 1.2km 河道并与污水处理厂尾水合流后再进入细河主河道。由于分流处设有市政的污水排放节点（尚未对其予以有效收集处理），污水导致 1.2km 分流河段的水体严重污染，沿岸居民生活环境受到严重影响。对此，采取了截污引流措施，安装了水坝防止污水汇入，通过延伸至排污口上游的引流管道使清洁水通过管道穿越阻污水坝进入分水河道。在此基础上，进行河道化学清理和种养水生植物浮岛，使分水 1.2km 的河段水体的水质得到改善，解决了污染河段的扰民问题。

图 7-11 为截污管道位于纳污节点上游的引水口，较清洁水由此进入管道经下游出水口进入 1.2km 河道。出口处设有阻控坝防止污水的流入。经清污分流后，采用药剂技术使截污后的河道水体消除黑臭，水质得到改善，保证了周边居民生活环境的安全。

图 7-11　清污分流设施

采用药剂技术削减河道污染负荷。在河道种养植物使水质进一步改善，抑制了富营养化产物的多发（图7-12）。

图 7-12 分流河道的水质改善

7.5 污水处理厂建设与溢流污水的应急处理

作为细河综合整治的重要工程之一，细河源头段的仙女河污水处理厂于2003年开工建设并运行。一期工程日处理污水量为20万t，超出处理能力的污水经溢流口外排。沈阳环境科学研究院经研究试验，在溢流口处利用250m河道构建了污水强化应急处理设施（包括施药设施和上下游蓄水坝的建设），净水药剂经溢流口与污水自然混合，在河道内经自然沉降使泥水分离，污水COD由200mg/L降至80mg/L以下，处理水体消除黑臭，削减了对细河流域的污染负荷。河道沉降污泥定期清理与污水处理厂污泥一并处置。

在污水溢流口处安装的药剂配置和供药设施、药剂通过管道和施药器械与污水定量混合。与药剂混合的污水在上、中、下游沉降区段的水体样品，经约20min沉降，泥水分离效果较为理想。药剂添加比例为0.001%（图7-13）。

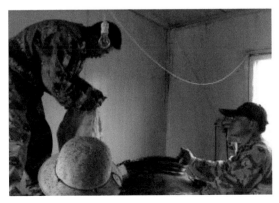

药剂配制和施撒装置

建于河道内的污水强化应急处理设施

处理河道上下截水坝

出水断面水质

图 7-13　事故排污的河道应急处理

7.6 卫工河河段水质改善

卫工河是细河上游流经城区（铁西区）的 8km 河段，该河段尚没有污水的汇入，水源为沈阳市北部污水处理厂的部分尾水和少量的运河供给的浑河水（运河供给西北地区农灌，在卫工河上游分流少量水作为卫工河补水）。由于污水处理厂尾水氮磷含量较高，时有污泥流失现象，流经 1.5m 深的卫工河道导致水体富营养化严重且底质较差，河道水草疯长，水体存在时段性黑臭。沈阳环境科学研究院与河道管理单位合作，采用机械清理水草和种养植物浮岛等对策，抑制了水体的富营养化，改善了河道的景观功能，消除了时段性黑臭（图 7-14）。

图 7-14　水生植物浮岛和推水装置

7.7 仙女湖水源置换和水质改善工程

仙女湖建于与卫工河相邻的城区公园，是供市区人们休闲娱乐的景观场所。湖水面积约为 4 万 m²，水深 1.5m，并建有从卫工河提水供水的设施（卫工河河床低于人工湖）。基于卫工河水的富营养化，加之人工湖受浅水、光照和城市空气质量的影响，湖水质量极差。由此仙女湖全部采用地下水作为景观用水，但仍依然逐年水草疯长，人工清理很难解决问题；光照、水体滞流和水温等影响使地下水的应用面临无法解决的难题，且造成了地下水资源和电力的浪费。"十一五"期间，沈阳环境科学研究院和铁西区政府联合解决了卫工河水资源化利用的难题，通过预处理使引取的卫工河水质得到改善；通过引排水设施改造和卫工河水的连续排入和排出，实现湖水的置换和流动，从而抑制了富营养化态势和产物的多发。这项工程的实施，节约了大量的地下水资源和电力，使部分卫工河水经过离线处理并提高了景观化利用的功效。图 7-15 为对疯长水草进行清理。

疯长的水草和人工清理

图 7-15　水草清理

　　在河湖之间构建了卫工河水预处理设施，其中包括化学除磷设施、生物飘带和植物床除氮设施以及固液分离沉降设施等。图 7-16 为建于卫工河岸的药剂配置和自动定量施药系统。

图 7-16　引水的净化处理

　　仙女湖经水源置换工程后，在湖内设置了人工复氧和植物浮岛净水等设施。卫工河水经仙女湖北侧入湖，经南侧排口回流至卫工河，由此使仙女湖变死水为活水（图 7-17）。

图 7-17　水生境改善

8 沈阳市蒲河的污染控制与水生态修复

蒲河是浑河沈阳段最大的支流河，发源于铁岭，流经沈阳市北部地区，在辽中境内入浑河。全长204km，在沈阳境内168km，流经沈阳城区北部和中西部县乡，是受城乡发展影响的代表性天然河流。历史上蒲河是清净优美的河流，但随着城乡发展和排污的影响，至"十一五"末期，该河日纳污量达20万t以上，水生态功能严重受损，河流的农灌功能丧失，沈阳源头段有限的清洁水被棋盘山水库全部蓄积予以景观利用。2001年起沈阳市全面启动蒲河生态廊道建设计划，首先实施了河道建设和两岸绿化建设工程，继而开始实施艰巨的水环境污染控制和水生态修复工程。沈阳环境科学研究院、中国环境科学研究院和辽宁省环境科学研究院将其作为国家水专项的重要研发内容，对蒲河水生态修复予以重要的技术支持，使污染控制和生态修复的技术对策与建设工程有机融合，经数年建设，实现了蒲河生态廊道建设的目标，为同类河流的整治提供了经验，创建了可行的模式。

图8-1是上游农业高新产业园区集中排水、抗生素排水和受纳的黄泥河、南小河的重污染河水。源头段的纳污导致了全流域水体的受害。

图8-1 蒲河受纳的污水

8.1 蒲河的污染

随着沈阳城区的北扩和流域乡镇的快速发展，区域污水的产生量和集中排放量逐年增加。至"十一五"末期，蒲河受纳的流域污水量已达20万t/d以上，全段排污节点达15个，其中排水量大的多集中在沈阳市段上中游的沈北新区段和于洪段，包括上游农业高新产业园区排放的农副产品加工废水、重污染支流河水、抗生素和淀粉厂重污染点源排水和区镇集中排水。由于污水处理设施的落后和有限径流水的季节性补充，河道污水严重滞留，黑臭严重，蒲河已经成为各类污水的汇集输送河道。

图 8-2 流域水体的污染和季节性变化情况。左图为抗生素厂排水经氧化塘后汇入蒲河的水质状况。图 8-3 为流域下游团结水库每年发生大面积死鱼和收集作业的场景。原本较清洁的天然河流受到新建设设施排污的严重影响。

图 8-2　流域水质污染

图 8-3　污染事故导致鱼类受害

8.2　蒲河水资源的蓄积

蒲河沈阳源头段的棋盘山水库常年蓄水量约为 3000 万 m^3，而水库上游非汛期的径流量极低。基于水库的蒸发渗漏，水库只有在春季一次性对蒲河予以补水，汛期根据情况定期弃水，年平均弃水量在 2500 万 m^3 左右，由此导致蒲河流域严重缺水，大量蓄水依赖于各类排水和有限支流河的补充。流域建有新老闸坝 20 余座，以满足全段蓄水、用水的需求，由此导致河流各段长时间处于滞流和半滞流的状况。下游段团结水库有效库容为 3200 万 m^3，大部分时段出库水量与流域（含支流河）受纳的各类排水量相近。

图 8-4 为非汛期源头段蓄水坝的蓄水情况。因受水库控水影响，其橡胶坝顶端基本处于断流状态。

图 8-4　上游径流水状况

8.3 国家水专项研究与中试基地的建设

　　"十二五"期间，沈阳环境科学研究院和中国环境科学研究院联合承担了国家水专项中"蒲河水质改善技术研究与示范工程建设"项目研究，利用建于蒲河的水生态试验基地，开展了水生态解析、蒲河水生态技术方案、水质改善技术与设备研究和示范工程建设等试验和研究。在试验基地配备了近百台（套）监测分析、试验等设备和设施，深入解析了北方城乡河流的污染特征和规律，研发验证了数十台（套）水体质量改善设备，形成了适用于典型污染水域治理的集成技术。通过示范工程建设支持了蒲河上游段的综合整治和依托工程建设，为流域水质达标和生态廊道建设提供了技术支持。有关基地设施建设和开展各类试验情况见图8-5。

水上试验设施

岸上实验室和设施

自动监测室和设备

试验用设施和设备

水生态调查与测试

试验设备加工与安装

试验用水配制

药剂净水试验

飘带净水试验

植物净水试验

复氧设备试验

水质和生境对鱼类影响

图 8-5　试验基地建设与应用

8.4　水专项示范工程建设

　　水专项研发的技术设备应用于蒲河上游段典型排污节点和水域的黑臭控制与水质改善。在蒲河北污水处理厂相邻 300m 河道，采用药剂、射流复氧和植物净化集成技术对季节性污水滞流的黑臭水体进行了整治；在重污染黄泥河的入河口应用浮岛、飘带和太阳能对流复氧集成技术在 7000m² 水域构建了立体净化系统，形成了日排 2000t 污水的阻控带；在上游 300m 河道针对重富营养化水体，采用水资源调控、植物净化和推流复氧等技术，抑制了富营养产物的多发，提高了水体良性自净的能力，使水质得到了显著的改善。相关示范工程建设情况见图 8-6。

黑臭河道治理技术示范

射流曝气设备安装

植物浮岛净水

黑臭河道治理后状况

污染支流的河口立体净化技术示范

水下生物飘带净水设施

太阳能复氧设备

植物净水设施与维护

河道滞水区域富营养化控制技术示范

各项示范工程针对相关污染节点和水域特征，采用有别且有针对性的集成技术，通过成果转化使水专项研发的技术设备应用于各项工程中。技术应用工程还紧密结合河道建设管理部门的合作和创新，如完善水资源调控、污控和河道建设等相关对策和工程设计。

滞水区对流复氧和植物浮岛技术应用与设施建设

图 8-6　示范工程建设

8.5 流域依托工程建设的水资源调控

主管单位制定实施了蒲河水资源调控方案，其中包括调整了上游水库的供水频次和时段、每年从辽河引水 900m³ 用于源头段补水；通过尾水上引深度处理工程，改善上游段缺水状况，提高尾水利用率和质量（图 8-7）。

图 8-7　水资源调控

污水的收集与处理："十二五"至"十三五"期间，蒲河各段所属政府认真落实"河长制"并全面实施污水收集处理设施建设。至"十二五"末期，流域 18 座规模不等的污水处理厂投入运行，干流污水收集处理率达到 99.1%，取缔了全部污水直排节点（图 8-8）。

图 8-8　污水处理设施建设

区域建设和污染源搬迁："十二五"期间内，新农村和新宅区的建设使人们生活环境得到改善，为流域两岸生态建设提供了场地。"十二五"期间实现了对抗生素厂和淀粉厂的搬迁改造，排除了两大企业的污水对流域造成的严重危害（图8-9）。

图8-9　环境建设和企业改造

8.6　蒲河生态廊道建设

至"十二五"末期，蒲河168km的生态廊道建成。廊道建设内容包括生态河道、护坡、两岸绿地、自然与人文景观、各类路桥以及湿地公园的建设。建成后的蒲河河道宽度平均在100m左右，新增湿地和水面积约60km²，各段两岸绿化宽度为50～100m。各区段的建设体现了多样化、生态化和人文化，便利的景观路桥可以使游人与观光车辆全程畅通（图8-10）。

图 8-10 为沈北新区 30km 河段的生态廊道场景。该段建设以体现天然河流的自然风貌为主，多个大型人工湖发挥了景观和改善水体自净功能的功效。

图 8-10　沈阳城区生态廊道建设

图 8-11 展示了于洪区 30km 河段两岸的以人文景观建设为主的场景，体现了人文景观与自然风貌的有机结合，为人们旅游和休闲提供了新的、广阔的、方便的场所。

图 8-11　于洪区生态廊道建设

新民和辽中所属的大部分河段以修复自然景观为主，其中包括植被的修复、景观路桥的建设和多样化的护坡建设。辽中区大型湿地公园成为沈阳市首家国家级湿地公园，辽中团结水库成为流域终端的良性"肾脏"，通过水库自净，使浑河受纳的蒲河水质得到进一步改善，保证了浑河乃至辽河的水质安全。

图 8-12 是蒲河两岸景观道路的建设情况。岸边设有人行甬道和景观车道，满足了人们游览蒲河的需求。

图 8-12　道路建设

图 8-13 为蒲河两岸的林带建设，重点修复蒲河的自然景观和功能。图 8-14 为局段景观桥梁的建设。桥梁（上游孝信桥和中部平罗桥）保证了两岸的畅通，其构造也别具特色。

图 8-13　林带建设

图 8-14　桥梁建设

9 沈阳市白塔堡河整治与浑南水系建设

白塔堡河是沈阳城区浑河南岸的小型天然河流，主要功能为排水泄洪。由于汇水区多为农田，各类受纳排水量较小，枯水期处于断流状态，平水期水流量也很小，只有在雨季水量剧增，降雨后汇水携带大量泥沙使河水浑浊，河道水位在短期内增长 1 ~ 2m。该河起于沈阳市东南部农业区，流经沈阳市南部浑南区和苏家屯区，于城区西侧汇入浑河，全长约 48km。"十一五"末期，每日汇入沈阳南部的乡镇污水量达数万吨（图 9-1 和图 9-2）。

"十二五"初期，沈阳市城区南扩并以举办全运会为契机，开始对浑南地区实施全面开发建设，新建的浑南区面积达 800km²，并成为全运会的举办地和市委市政府的新址。由此重点实施了白塔堡河的综合整治和新区水系建设，通过浑河引水工程建成了新的沈抚运河。沈阳环境科学研究院和中国环境科学研究院以浑南水系建设作为水专项研究内容，对浑南水系建设和改造提供了技术支持。

图 9-1 非降雨时段白塔堡河的污染河道

图 9-2　降雨时段白塔堡河河道水情

9.1　白塔堡河污染与抚顺污水转移

　　历史上抚顺至沈阳的沈抚灌渠对浑南地区及白塔堡河造成了严重污染。该渠建于 20 世纪 70 年代，其目的在于避免抚顺工业污水和生活污水排入浑河，使其通过该渠输送到沈抚地区作为农灌用水，余水经沈阳南端进入发源本溪的北沙河，北沙河出境后汇入太子河。污水农灌造成大面积农田和农作物的污染。中止农灌功能后，沈阳南部原农灌导水设施逐渐报废，在沈阳东部与白塔堡河相交的高架水道开设了泄流口，使原输送至西部灌区的污水在此汇入白塔堡河，由此使白塔堡河成为抚顺污水的受纳和再次向浑河输送的河道。"十五"期间，为缓解白塔堡河污染及对浑河的影响，再次恢复东部灌渠河道使部分污水分流至北沙河，但仍有部分污水汇入白塔堡河。直至"十一五"末期，抚顺地区污水被全部处理后方结束了沈抚灌渠的功能和向沈阳排污的历史。废弃的沈抚灌渠河道和污水分流设施见图 9-3。

图 9-3　废弃的沈抚灌渠河道和污水分流设施

9.2 河道水质改善工程

基于白塔堡河历史性污染，"十二五"期间沈阳环境科学院与河道建设单位联合对重污染河段实施了生物净化等水质改善工程，在城区上游大学城段、沈阳中游高速公路段和下游白塔堡公园河段采用植物浮岛和生物飘带技术对河水予以净化，控制了纳污对水体的影响，促进了底质和水质的改善和修复。图 9-4 为工程相关设施的加工与安装情况。

图 9-4 白塔堡河水质改善工程设施的加工与安装

图 9-5 为上游河段的水质改善工程，图 9-6 为中下游段的水质改善工程。工程包括水资源调控和河道水质改善等内容。由图可见，种养的水生植物在白塔堡河长势很好，由此表明水质的污染及植物较强的吸污作用。此外，在具备条件的河段，通过安装生物飘带设施，改善了河道净水条件，提高了净水能力。

图 9-5 上游河道的水质改善工程

白塔堡河下游河道水质改善工程设施的加工与安装

图 9-6　中下游段的水质改善工程

上深河上游的污染控制：上深河发源于沈阳市浑南东部，水量小且纳污严重，主要受纳的是村屯养殖废水和小型农副产品加工废水。该河在白塔公园与白塔堡河汇合，河长约9km。2006 年对其采取设坝截污措施，除对废弃物予以拦截收集外，通过化学强化法对污水予以处理，削减了向坝下和白塔堡河的污染转移负荷。图 9-7 为建坝和坝后经处理的流水状况。

图 9-7 截污和河道净水

污水处理厂建设：浑南地区的开发建设导致各类排水量快速增长至 10 万 t/d 以上。"十二五"期间先后建成并运行了上夹河污水处理厂、浑南污水处理厂和东部村屯污水处理站等，使大部分污水经处理后作为景观水回用。为实现污水全部处理并满足新增污水处理的需求，该地区通过管网建设开通了与沈阳南部大型污水处理厂的通道，从而使现存污水输送至沈阳市南部污水处理厂予以处理（图 9-8）。

图 9-8 污水处理厂建设

9.3 浑南水系建设

为解决浑南地区缺水、污染和水面积过低的问题，"十二五"期间实施并完成了浑河引水工程，其工程内容包括：根据地理条件，在沈抚交界深井子地区建设了引供水泵站，在自流汇水区安装 5 台（套）提水设备，提水由东向西自流至浑南地区，总提水能力为每日 25 万 m³；利用并改造原有沈抚灌渠向白塔堡河的分水设施，新建向上深河的分水设施，由此保证向白塔堡河和上深河的补水；新建浑南区南部全运村的河道，由此形成了深井子至沙河入口的沈南运河；通过白塔堡河、上深河和新运河的河道改造建设和浑河水的补充利用，形成由 3 条河构成的南北分布、东西流向的浑南水系。目前平均日引浑河水量 15 万 m³，向 3 条河的补水量分别为 5 万 m³ 左右。补充水使白塔堡河和上深河的水质明显改善，而运河流经处无任何排水纳入，末端水质与上游水质基本一致，浑南水系的建设满足了沈阳市浑南地区开发建设的需求。

浑河引水设施

引水分水设施（左为向白塔堡河分水，右为向上森河分水）

余水供给新运河

图 9-9 引水和分水设施

图 9-9 显示了自浑河引水、向白塔堡河和上深河分水以及运河设施修建状况。浑南水系建成后使河流总长度达到近百千米，满足了北部、中部和南部的生态、景观用水需求，使白塔堡河水质进一步改善。基于资金和浑河水量变化，目前浑河引水量仍处于较低水平，新运河末端水坝的出境水量极小，大多河段水体呈半滞流状态。有关三条河春季初始供水情况见图 9-10。

新建运河的 5 月流水状况

白塔堡河和上深河春季的水质状况

图 9-10　三条河春季初始供水情况

浑南水系建设支持并促进了浑南城区的建设和发展。第12届全运会设施的建设、电动机车网的运营、新型住宅区和商业区建设等，使浑南区独具特色。特别是市委市政府迁移至浑南区，使浑南成为全市的行政中心。此外，浑南的交通方便，道路网宽阔畅通且与沈丹高速相接，新区南部和西部分别与沈阳机场和铁路南站相邻（图9-11）。

图 9-11　浑南生态环境建设

10 沈阳市城区运河的污染与控制

  运河是流经沈阳南北城区的人工河,南北运河长度分别为 14.7 km 和 28.3 km(起点分别为 204 分水闸和浑河东陵闸)。南运河与多个公园景观湖贯通,在主城区西南部回流至浑河。北运河在城区西北流向蒲河。两条城区景观河(湖)属浅水型季节性河流,因受老城区陈旧管网排污的影响,河道水体和底质污染严重,由于管网的改造困难较大,运河的景观功能受损且难以有效解决。"十二五"期间,沈阳环境科学研究院与河道管理部门联合开展了相关技术研究和水质改善工程的实施,对运河时段性特殊污染予以有效控制,结合城区管网设施的逐步改造和水资源调控等,运河水质不断改善,景观功能显著提升。

  图 10-1 是位于浑河东陵桥上游向运河分水的闸门。引水在城区 204 闸向南运河分水。南运河于龙王庙处返回浑河。引水经 204 闸分水后继续流向北运河,在城区西北处通过向工街闸门向卫工河分水后流入蒲河(图 10-2)。

图 10-1 运河供水和分水设施

图 10-2 南北运河(上为南运河、下为北运河)

10.1 运河的水利工程建设

运河引水点位于浑河城区上游段处，引水质量较好。每年引水时段为 4 ～ 11 月，日引水量约 15 万 m³，其中，约 70% 为北运河用水，30% 经分水闸流入南运河。基于冬季低温对河道设施的影响以及河道水质的污染，每年 11 月中止供水并通过河道内开闸降坝将河道水排除，河床裸露。下图为河道蓄水，堤岸建设和停止供水时段河床裸露情况。

图 10-3 为河道构建情况。基于市民安全的考虑，河道水深控制在 1.5m 以内，河道两侧多用毛石修筑，河床宽度 30m，河床平坦。南北运河均建有数条橡胶坝或阻水闸，以保持各段水深。供水时段河道水具有一定流速，但公园人工湖的水体滞流现象比较显著。

图 10-3　运河河道

10.2 运河的污染

图 10-4 为运河纳污和河道垃圾污染情况。运河流经人口密集的住宅区和商业区等，沿途有大小排污口 30 余个。新老地面设施制约了对陈旧地下管网的改造，部分的排水设施多为雨污合流式，非雨季污水可进入市政纳污管网，降雨时段多与城区降雨汇流至运河。

图 10-4　运河纳污

重污染底泥和氮磷污染水体为水草生长提供了有利条件。右图和下图为河道水草疯长的现象，每年由数十名工人专门负责清理，以保持河道流水畅通和景观效果。在雨季多发时段，河道污水比例加大，局段出现黑臭现象，COD达 50 ～ 100mg，生活污水中的废弃物积存于河面，加剧了河道污染（图 10-5）。

图 10-5　河道水草疯长

10.3　整治技术与对策研究

2006 年年初起，沈阳环境科学研究院开展了运河综合整治技术和对策的研究，利用建于南运河中段的实验基地，对底泥和水体的污染水平和变化规律进行了解析，研究制定了适用于运河污染控制的技术方案，为相关工程的实施奠定了基础（图 10-6）。

图 10-6　底泥和水体污染因素调查

10.4 技术工程实施准备

在调查解析基础上，根据河道整治相关工程实施的需要，为实验基地加工配置了各类监控设施、水处理设施、水上作业设备和设备维护与加工设施等，还根据工程的特殊需要，临时增选必要设备并可加工特殊的设施（图10-7）。

图 10-7　工程准备

10.5　河道整治工程实施

　　自 2006 年起，沈阳环境科学研究院密切配合河道管理和建设单位，开始实施包括河道整治、水资源调控、污染节点的时段控制以及河道水质改善等系列工程。下图为对运河河道实施的清淤工程，通过清淤和河道整治，清理了有机污染底泥，降低了河床深度，进一步抑制了光照对水体的不利影响。通过护坡改造，降低了护岸坡度并改进护坡构筑方式，人工湖和部分河段改造成土质护岸，从而提高了河道耐寒功能，保证了河道的四季蓄水。

　　图 10-8 为河道清理、水体垃圾清理和建闸蓄水。通过管网改造，使运河排污节点逐步关闭，雨污合流设施逐步改造成分流设施。运河污水收集处理率不断提高，水质得到改善。

图 10-8　相关工程设施

10.6　河道水体特殊污染控制

在局部事故排污和特殊气象条件变化时，河床大量生物底泥上浮且覆盖河面产生强烈恶臭。沈阳环境科学研究院采取机械清理、生物净化和水体除臭等技术，使浮泥得到处置，水体恢复清净，黑臭被有效控制，实现了对河道事故污染的应急处理。下图是在浮泥收集的同时，通过药剂处理使水体净化并消除黑臭。通过船只机械复氧，使水体 DO 快速恢复至正常水平。约 3000m² 的污染河面，经数小时作业即恢复了水体原貌，配置的水上作业设施和动力设备发挥了关键性作用。有关河道底泥上浮等应急处理情况见图 10-9。

处理前上浮底泥覆盖河面

上浮底泥处置

图 10-9 上浮底泥的处置

　　浅水型河床的严重滞水区在高气温、强光照和滞水条件下导致藻类的大量繁殖生长，水体 DO 降低且水体色度等污染加剧。为此，在特殊水域施加少量的净水药剂，能抑制藻类物多发且保持水体清净。作业可采用固定和移动式设备施药，以小型快艇予以搅拌，使有限药剂发挥最大的功效（图 10-10）。

图 10-10　富营养化产物的处理

为抑制特殊水域水体的缺氧，在人工湖重滞水区安装太阳能复氧机和喷水设施，保证了水体的溶解氧在静风条件和藻类多发时段基本处于较正常的水平（图 10-11）。

图 10-11　水体复氧

在人工湖和滞水性较强的水域，通过种养美人蕉浮岛和凤眼莲围栏改善水质并增强了景观效果。两种植物的长势良好，净水作用非常显著（图10-12）。

图10-12　种养水生植物净化水体

10.7　运河新貌

经连续数年的改造建设，运河的纳污问题基本解决，阶段性和特殊污染被有效控制，河道水体恢复了良性自净状态、水质得到显著的改善。河道保持了四季蓄水，展现了非冰冻时段有水面、冬季有冰面的新风貌（图10-13）。

图 10-13 运河新貌

11　沈阳市生活垃圾填埋场废液除臭处理

生活垃圾填埋场发生的高浓度有机废液含有流失至水环境并导致污染事故发生的隐患。沈阳市每日产生生活垃圾约 4500t，目前仍全部填埋处理。沈阳市 3 处垃圾填埋场分别位于沈阳市东南郊和东北郊区，其中赵家沟垃圾场于 2003 年封闭停止使用，大辛垃圾场和老虎冲垃圾场于 2003 年相继投入使用。由于初期建设相关设施不能满足渗滤液的处理需求，每日发生的渗滤液经不断积累并在填埋场内形成大面积的渗滤液贮池。渗滤液属高浓度有机废液，其有机成分极易厌氧发黑发臭，形成大面积强烈恶臭面源。垃圾场的恶臭污染导致周边数千米范围内居民受害，严重影响了社会稳定。

2004 年 5 月，沈阳环境科学研究院承担了垃圾填埋场的渗滤液恶臭治理任务。通过对渗滤液的污染特性解析，在短时间内完成了治臭的小试、中试和现场试验任务，通过技术应用和工程实施，于当年成功将垃圾场渗滤液的臭气强度控制在 2 级以下，实现了场界达标，保证了垃圾填埋场的正常运行，防止了废液转移和流失污染，为渗滤液的最终安全处置赢得了时间并奠定了基础。

图 11-1 为垃圾运送、处置和渗滤液发生情况。新生渗滤液呈黄绿色，显弱酸性，在厌氧条件下，含硫含氮有机物可降解生成有机酸、硫醇、硫化氢等恶臭气体。还原态硫元素可与水中的金属离子生成金属硫化物使得渗滤液呈浓重的黑色。渗滤液 COD 高达近万 mg/L。图 11-2 为渗滤液池内发生并积存的可燃气体。

图 11-1　垃圾运送和渗滤液发生情况

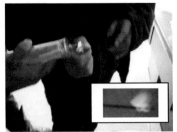

图 11-2　还原性恶臭气体阈值低且可燃

11.1　恶臭处理技术

　　实验结果表明,采用氧化还原法可有效消除黑臭,调整 pH 可巩固除臭效果,通过絮凝沉淀可削减液体的有机污染负荷,使渗滤液质量得到改善。通过试验遴选了固、液两种氧化药剂,药剂可迅速消除渗滤液的黑臭,还具有消毒和抑制有害微生物繁殖的功效。此外还通过絮凝剂处理,进一步降低了渗滤液的浊度。图 11-3 为现场臭气检验和除臭药剂的筛选实验。

图 11-3　恶臭特性检验和除臭药剂实验

11.2 除臭方式和作业方案

采用固定在船只上的设备用于固态药剂施洒，借助风力使固体药剂均匀分布在渗滤液表面。液态药剂施撒是在船上以人工将药剂倾倒至池内，用小型快艇搅拌均匀。通过氧化还原反应、酸碱反应、化学絮凝和物化隐蔽作用实现渗滤液的快速消除黑臭、功效稳定和质量改善的目的。

11.3 工程准备

2004 年 5 月进驻现场，搭建码头 1 座，安装船只 3 艘，船上配置了发电机、抽水机和施药设备（图 11-4）。另外还搭建临时工作室（兼实验室）和药剂库。由于大量漂浮垃圾影响作业，每日需对其清理，作业人员很辛苦。

图 11-4　除臭工程准备

11.4　渗滤液黑臭处理与效果保持

2004 年 5 月 7 日起，开始对老虎冲垃圾场渗滤液池进行处理。首先投加液体氧化剂使渗滤液黑臭全部消除，进而投放固态药剂维持处理效果。在此基础上，投加絮凝药剂降低渗滤液浊度，施加隐蔽药剂提升消除恶臭的功效。维护作业于 12 月 3 日结束，将面源恶臭强度由 5 级以上控制在 2 级以下。2004 年同时对大辛垃圾场渗滤液贮池进行了处理，取得与老虎冲垃圾场同样的治理效果（图 11-5）。

消除黑臭作业

有毒、有害、恶臭、日晒、危险、劳动强度大的恶劣作业现场

多个面积不等的渗滤液贮池的处理作业

图 11-5　除臭工程

图 11-6 是为降低新生渗滤液对处理池内的影响，在新生渗滤液集中排出处布设施药设施，药剂连续定量与新生渗滤液混合，由此削减新生渗滤液黑臭和污染负荷。

图 11-6　新生渗滤液的除臭处理

  图 11-7 为处理中液体表观状态的变化情况, 图 11-8 为处理前后液体样品的对照情况。通过实验和研究, 建立的渗滤液消黑除臭技术成功应用于沈阳市大型生活垃圾填埋场的除臭作业并达到了预定目标, 获取了显著的环境效益和社会效益。

图 11-7 处理过程渗滤液的表观特性

图 11-8 处理前后渗滤液样品的对照

12 沈阳市污水处理污泥堆放场的恶臭治理

污水处理产生的废污泥若不能及时有效地处置则会转移流失和造成污染。基于处理技术研发和设施建设的滞后,沈阳市以往以集中贮存方式防止废弃污泥的流失。污泥堆放贮存场位于浑南区祝家镇东 2km 处,该场于 2007 年开始使用,现存放污泥约 120 万 m^3,污泥堆放区面积 23 万 m^2 以上,其恶臭污染强烈,严重影响了区域生态环境。为解决强烈恶臭面源的隐患,沈阳环境科学研究院开展技术攻关,突破了污泥面源除臭的关键技术,研发应用了工程作业技术和设备,首次实施了大型污泥恶臭面源的治理工程,制定了质量监控和安全作业规程,使场界达标率达 100%,排除了重大环境安全隐患,保证了 2013 年全运会场馆的正常使用。有关污泥倾倒和经自流形成的 11 处污泥场照片见图 12-1。

图 12-1 污泥倾倒和 11 处污泥场的卫星照片

12.1 污泥堆放状况和环境影响

至 2013 年,污泥堆放在 11 个堆放场内,其中最大堆放场表面积为 4.2 万 m^2,多数堆放场的污泥深度达数十米。新纳入污泥呈黑色且具有较好的流动性,经较长时间存放,污泥表面呈半干化状态,部分堆放场淤积污泥分解水和固体废弃物,成为施工作业的不利条件。污泥场处于农田包围之中,东侧、北侧和西侧与农田一墙之隔,西场界距全运场馆约 1.2km,北场界距村屯约 500m,均在恶臭的影响范围之内。该场是国内外罕见的大面积强烈恶臭面源,场界最大恶臭强度达 5 级以上,最大影响距离可达 2km 以上,最大影响区域面积可达 30km²。强烈恶臭已对周边空气环境质量造成严重影响,污泥的大量存放方式存在溃坝隐患,影响南侧公路和北部村屯的公共安全。污泥倾倒至最高处并分流至各堆放场情况见图 12-2。

图 12-2　污泥倾倒至最高处并分流至各堆放场

12.2　污泥理化特性、除臭技术及资源化利用的研究

通过对污泥的理化特性和恶臭发生特点等进行实验研究，确认污泥密度大于 1，黏度较大，现存污泥含水率 75% ～ 80%，新生污泥含水率在 80% 左右；污泥灰分约占 6%，可燃成分约占 14%。污泥完全干燥后体积约减少 2/3；各污泥堆放场的污泥性质与泥龄有关，显著标志为分解水量的增加，pH 在 7 以上，COD 高达 1000mg/L，最高达 1.5 万 mg/L，添加絮凝药剂可使 COD 降低 20% ～ 40%。实验结果还表明，通过对分解水的 pH 调整可以控制臭度，施加过氧化氢其除臭效果良好；通过连续曝气可使原水溶解氧由 1.7mg/L 增至 7.1mg/L，但停止曝气后溶解氧呈明显下降趋势；向污泥表面施撒少量液体或固体氧化药剂可有效快速除臭并对溢出的微量恶臭气体予以净化。选用氧化还原药剂除臭具有反应迅速彻底、不受酸碱性物质条件限制、适用于低浓度复合臭气的高效处理，具有施药量小、基本无二次污染和不可逆反应等特点（图 12-3）。

氧化还原反应与污泥表面施药除臭实验

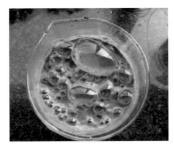

图 12-3　污泥表面施药除臭实验

12.3　污泥堆放场除臭作业方式和设备的研究

　　针对祝家污泥堆放场恶臭治理面临的作业方式、设备以及安全设施等方面的空白、难点和风险，沈阳环境科学研究院成功研发了污泥表面药剂除臭技术和泥上遥控施药设备，通过合理借助风力和空气氧化作用，解决了大面积作业、减少药剂用量和安全生产等方面的瓶颈问题。由于国内外现无满足此类作业场所需要的专业设备，故先后研发了泥上喷粉机、管道喷粉机和液体施药机，保证了工程顺利实施（图 12-4）。

图 12-4　现场除臭的设备试验

12.4　工程实施风险、方案和准备

　　工程风险：大型污泥场的恶臭治理在国内外没有先例，存在巨大的技术风险、作业风险和管理风险；尚无大面积裸露式恶臭面源恶臭治理的专业设备和设施。项目实施存在人身安全、车辆安全、坝体安全和环境安全的隐患，无安全作业的技术规则，环境影响的不利因素过大。

　　工程总体方案：人不离岸，作业人员必须身挂安全绳，手持对讲机，保证联络畅通和人身安全；借助风力，利用多组遥控设备在泥上定向移动施药，利用其他设备实施岸上、水上的固定和移动式施药，保证除臭药剂对面源的全覆盖；选择氧化性强的固体药剂和液体药剂作为泥面和水体的施用药剂，自行配制复合隐蔽药剂，对于水面以施洒液体药剂为主（有利于混合）；对于泥面以施洒固体药剂为主，依据测试结果确定当日药剂的浓度和用量，根据风向风速确定、调整当日的作业区域和方案，确定当日设备开停的种类和台数；通过严格检测分析和监控，保证作业效率和环境安全。工程目标为场界恶臭强度可由5级降至2.5级以下。有关保证安全施工的设施建设情况见图12-5。

图 12-5　安全设施建设

　　工程准备：通过浮块在泥上的浮力和可移动性能的试验结果，选用用于水上的市售浮块组合搭建码头、设备载体和沿岸作业平台，满足安全作业需求；根据无人作业和保证机动性的需求，加工了泥上和水上的施药设备、遥控装置和机械牵引设备，保证了设备在泥上的无人作业和岸上控制其移动和操作，对购置的市售设备进行了必要的改造（防腐等）；修筑了11个堆放场作业所需的运输通道，安装了堆放场内的作业平台，保证了施工作业的安全；在各堆放场安装了用于药剂配置、输送和设备清洗的供水设施；完成了工房建设和各类材料器材的配置，其中包括作业工具、安全防护器材以及检测设备（图12-6）。

供水和药剂配制输送设施

浮块的浮力试验和购置的浮块

用浮块组装的码头、设备载体和岸边作业平台

图 12-6　工程准备

  设备加工与购置改造：加工研制的设备包括固体药剂喷洒机、管道药剂输送喷射机和液体药剂施撒设备。管道施药机用于岸上作业，通过管道长度和喷药口移动控制达到泥上施药目的。可在泥上和水上通过遥控移动作业，除应用于大面积泥面和水面除臭作业的研制加工设备外，还选购了国内生产的大型喷雾除尘设备和小型喷药设备，经过改造使之用于岸边的定点施药和移动式施药。作为研制设备的补充，保证了泥（水）上和岸上的恶臭控制功效，提高了作业效率，实现了除臭药剂对恶臭面源的全覆盖。有关除臭作业采用的主要设备见图 12-7。

研制加工的设备

购置改造的设备

图 12-7 主要除臭作业设备

　　图 12-8 为安装固定在作业车上的施药设备。作业车可根据风向确定移动作业的区域，具有方便灵活和高效等特点。图 12-9 为作业人员将施药设备运送安装至作业场所。在泥区作业人员必须用安全绳索在岸上固定，确保人身安全。图 12-10 为除臭药剂的购置和储备。

图 12-8　车载施药设备

安全绳索

大型污泥堆放场安装的数组移动式施药设备和重要节点的岸边施药设施

图 12-9　设备固定和安装

图 12-10 药剂的供给和储备

图 12-11 为作业检验、监控、数据汇总及施工指挥的工作场所和配置的部分通信、办公设备。

作业人员必备的通信设备

做好监测、实验和后勤保障准备工作

图 12-11 检验与监控设施

12.5　重点作业方式

　　大面积药剂的施洒作业是位于污泥场两侧的作业人员通过卷扬机和钢索同步控制施药设施的前后移动，通过遥控装置控制设施的施药作业。根据风向控制各台设备的作业时机和时间，根据风力大小调整施药量（图 12-12）。

两组人员协同遥控单组设备作业

作业人员定时向设备补充除臭药剂

图 12-12　作业方式

12.6　治臭工程实施

　　基于时间及相关条件的限制，工程采取边施工、边完善并修正设计与管理方案的对策。

除臭作业的第一阶段是 3 ～ 4 月在对小型面源处理基础上，通过设备的陆续安装，对大型面源进行处理。第二个阶段是 5 ～ 6 月对大部分堆放场进行处理，处理率不断提升至设计的指标。第三个阶段是全场控制、综合作业。第四阶段是 8 ～ 9 月的全场强化控制和解决难点部位的强化控制，由此将全场场界和各恶臭面源恶臭强度控制在 2.5 级以下。

图 12-13 是固定与移动施药设施的作业场景。大型施药设备主要用于大面积面源的近距离定点和移动式施药，小型施药设备主要用于岸上散落污泥的除臭作业和特殊位置的施药作业。各种设备借助风力扩大作业范围。

每天施工前明确当天作业方案和安全规程

图 12-13　固定与移动施药设施的作业

图 12-14 是大面积污泥堆放场场内的除臭作业场景。通过多组设备的同时作业，满足了药剂覆盖率的需求。泥面药剂层厚度可达 1 ～ 3mm，可消除污泥表面恶臭，也可有效消除泥面下缓慢释放的恶臭气体以保持药效。泥面形成的药剂层保持时间长，消耗量小。在污泥表面的氧化干化层形成后，面源的恶臭强度大大降低，药剂除臭功效得以持久。

图 12-14　大面积泥面恶臭处理

　　定向移动施药设备向垂直方向喷射的药剂可借助风力扩大对污泥的覆盖面积，选择合宜的风力条件作业可保证施药效果和环境安全。在风向向相反方向变化时，实施另外一侧泥面的施药作业。设备组的间距约为 80m，移动方向两侧的施药控制距离均为 40m。作业人员根据风标（旗帜）控制调整作业参数。图 12-15 是大面积恶臭源辅助除臭设施的作业场景。

管道式施药机组作业

作业平台和移动设备作业

图 12-15　大面积恶臭源辅助除臭设施的作业场景

特殊区域的除臭作业因泥面积较小或不适合安装泥上移动式处理设施，故采用定位的各类设备作业。管道式设施作业是通过固定于管道终端的绳索调整出药口的位置并借助风向风力的变化，扩大施药的区域和效果。

水面移动施药设备作业

图 12-16 为处理后污泥池积水的变化。积水黑臭消失，液体呈现微黄半透明状况。该处作业也是通过岸上控制水中施药设施，达到安全、高效目的，完成工程设定的指标。

图 12-16　积水恶臭的处理

12.7　工程质量与安全作业的监控

在工程实施过程，需首先对 11 个堆放场的污泥与水体质量变化、恶臭污染水平和治理效果进行连续监测，为确定每日的作业方案提供依据；通过当日作业区的模拟实验，确定宜采用的药剂种类、施药量和施药方式；对作业现场的内外环境进行监测，监控源强和厂界恶臭强度变化，预报并防止作业对场外环境的影响。有关现场工况检测情况见图 12-17。

在室外进行作业质量检验

积水和污泥质量检验

图 12-17　工况检验

图 12-18 为在堆放场厂界监视气象条件变化和作业对环境的影响，还要对厂界的臭气浓度进行定时监测，监测监控结果及时传报到管理者和相关作业点位，以保证作业安全进行。

厂界臭气浓度的室外自检

厂界臭气浓度的室内分析

工程质量的验收监测（外检）

图 12-18　厂界臭气浓度的自检和外检

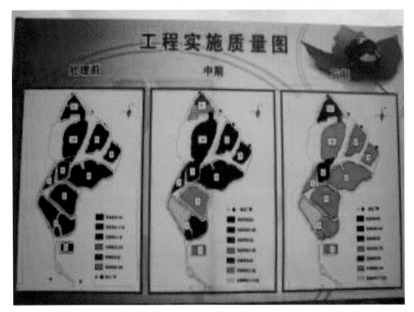

12.8　成效

　　图 12-19 为依据测试结果绘制的工程实施前期、实施中期和后期的厂区、厂界恶臭控制质量图。厂区大部分源强达到控制标准，全部测点的厂界浓度达到规定的标准。

图 12-19　工程质量图

　　图 12-20 为与作业场所一墙之隔的场外四周农作物生长状况。从幼苗生长至秋收，完全未受场区作业影响且未发生一起村民投诉事件。由于严守作业规程，保证了工程顺利实施和周边环境安全。

图 12-20　周边农田作物生长情况

图 12-21 为作业人员向视察和验收人员介绍工程进展和取得的功效，沈阳市领导听取工程汇报并对取得的成果予以高度评价。大型污泥场治臭工程克服了难以想象的困难，达到了预期的目标。

图 12-21　工程检查与验收

13 事故排污与河道污染应急处理

企业发生的各种废液和污水若不按规定处置会发生流失事故,极易对水环境造成危害。若河道水体发生严重的纳污污染事故,应采取应急处理措施,防止污染物的转移和污染区域的扩大。沈阳环境科学研究院自"十五"初期组建了应急处理的队伍,逐步配置完善了应急处理设施,常年从事河道污染事故应急处理任务,通过技术创新和应用,不断提高应急处理能力,为保护沈阳市水系安全发挥了支持作用。

13.1 污水处理厂尾水池的黑臭处理

沈阳市铁西区某大型食品调味剂生产厂的数个尾水沉淀池容积约 1 万 m^3,水面积约 5000m^2。由于长时间使用且缺乏维护,池体发黑,积存沉淀物厌氧并导致水体黑臭,因扰民被管理部门指令限期治理。企业原计划将池内泥水清理排至下水管网,这将加大对市政污水处理厂的冲击并导致过量污水的外排。图 13-1 为处理前尾水沉淀池污染状况。沈阳环境科学研究院受相关管理单位委托,采用化学氧化和絮凝净化技术对池体、积水和沉淀物进行处理,使池体清洁、蓄水清净、黑臭消除,水体的 COD 由 450mg/L 降至 70mg/L 以下,避免了污染物的流失转移。

图 13-1 尾水沉淀池

图 13-2 和图 13-3 为沉淀池黑臭处理作业场景及沉淀池处理后恢复清净的情况。受作业条件影响,施工以人工和小型机械作业为主。该作业耗时 8h,作业人员 8 人,药剂消耗约 1500kg。

图 13-2 沉淀池处理

图 13-3　处理后的尾水沉淀池

13.2　连续纳污重污染河道的应急处理

沈阳市沈北农业区的某冰点加工厂因连续排污导致 300m 泄洪渠严重污染，河面漂浮有机浮泥厚度达 30cm，水体和底泥黑臭，降雨使渠内污物将随雨水转移至汇水河流。沈阳环境科学研究院专业队伍利用与河道宽度相等的挡板，通过牵引其定向移动对浮泥进行收集清理，通过施加药剂使水体恢复清净，通过设置植物浮岛使水质得到改善。有关污染河道的处理场景见图 13-4。

连续纳污的重污染河道

采用牵引围栏清理 30cm 厚的浮泥

人工清理河道杂物

污水截流

河道水体净化处理

图 13-4　污染河道的应急处理

　　经处理后，在河道内设置植物浮岛和植物围栏，促进了水质的改善（图 13-5）。该应急处理时间为 6h，作业人员 15 人，施加药剂 600kg，种养植物浮岛 40 组（每组 8m²）。

图 13-5   种养浮水植物

13.3   某加工厂积液池处理

位于于洪区的某加工厂是生产保温材料的小型企业，因事故排放的废液导致企业相邻的约 6000m² 水池严重污染，刺激性气味强烈，水体污浊显黄褐色。经对水体进行检验分析，查明其酸性有机污染物的理化特性，采用弱碱中和和絮凝共沉淀技术，使污染物与水体分离，恢复水体的清洁无味。在通过试验制定处理方案后，经对污染水池进行处理，使污染水体水质明显改善，臭气强度降至 2 级以下，排除了污染事故的环境影响。该处理作业 5h，作业人员 8 人，处理水量约 8000m³，施加药剂约 500kg。有关污染水池的处理场景见图 13-6。

积液处理和处理后情况

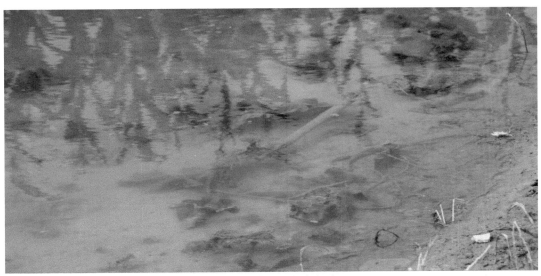

图 13-6 污染水池的应急处理

13.4 景观湖污染事故的应急处理

沈阳市沈北新区某学校的人工湖是以地下水为水源的封闭型景观湖，水面积约 4000m²，平均水深 2m。因受截污管道事故排污的影响，清水湖变成黑臭湖，COD 高达 100mg/L。由于学校要举办重大活动，沈阳环境科学研究院于活动日之前对污染湖进行了应急处理。处理作业于 20 时开始，翌日 3 时结束，通过应用消除黑臭和净水技术，使水体恢复清净，保证了校内活动的正常进行。有关景观湖污染的应急处理场景见图 13-7。

处理前黑臭水体和处理作业场景

处理后的水质变化

图 13-7　景观湖污染的应急处理

13.5　某化工企业废水外排的应急处理

　　沈阳市铁西区某企业化工废水的事故排放导致厂外滞水河道的严重污染，其长近300m、宽20m的河道淤积了近6000m³的乳白色污染水体。由于无法采用设备对其收集处理，必须在短时间内在现场对河道水进行处理，防止降雨导致污染水体向受纳河的转移。根据检验结果，采用絮凝净化技术通过固液分离使水体净化，削减污染物的流失量和污染负荷。基于河道杂物较多，作业船通过人工和高压水枪驱动，保证了河道处理作业的完成。该应急处理耗时24h，作业人员15人，施加药剂约800kg。处理后污染水体恢复原貌。有关重污染河道的场景见图13-8。

图 13-8　重污染河道

　　短时间内在事故现场检验水污染物的理化特性，通过实验确定处置方案，明确需采用的理化药剂、施用量和控制条件等（图 13-9）。图 13-10 为根据实验结果对污染河道予以有效处理，约 10h 后河道水体基本恢复至原有状态。

图 13-9　对策与实验

图 13-10 重污染河道有效的应急处理

13.6 河道清理疏浚

河道清理与疏浚通常在截流条件下采用机械设备进行。对于一些中小型不具备截流条件的河道，常因固体杂物的淤积影响流水的畅通，污染物及质变又会影响水质。河道管理单位受各方面条件制约常难以对其实施有效的处理。沈阳环境科学研究院利用水上作业设施，对细河等常年纳污的污物淤积河道予以清理，保证了河道和桥梁涵洞的流水畅通，恢复了河道的清洁。有关部分河流清理维护的作业场景见图 13-11。

沈阳市细河某桥梁下长期淤积约 1m 厚杂物,淤积物结成坚实板块(水在下面流动)。作业人员采取人工分解和水击清理的方式,经数小时将全部淤积物予以清理,保证了河道的畅通。

13.7　河流水质的安全维护

10 多年来,沈阳环境科学研究院的专业队伍针对沈阳市中小河流不同时段存在的

图 13-11　部分河流的清理维护作业

问题,根据需要对相关河流的水质安全进行维护,重点内容包括事故污染处置、富营养化产物抑制、河道积存污染物清理以及水体和底质改善,为河流生态保护体系的建设和完善提供了有力的技术支持。图 13-12 是保证沈阳市中小河流水质安全的相关作业场景。

浑河满堂河支流的重营养化处理

浑南北沙河黑臭处理

沈阳崂山头河河道净化

沈北南小河河道清理

沈北蒲河局部河道清理

沈北长河河道清理

图 13-12 保证中小河流水质安全的作业

    图 13-13 为河道维护作业需配置的车辆。小型车辆用于联络、监测和运载小型的实验设备，中型面包车主要用于运送作业人员和必要的安全和后勤保障物品，中型货车主要运送作业船只、设备和必需的药剂及材料等。

硬质浮块和药剂的装运

图 13-13　车辆与作业任务

14 团队建设与科技交流

本书介绍的成果源于技术创新与应用和专业团队建设。沈阳环境科学研究院的流域研究治理团队组建于 2002 年，其骨干为从事环境分析测试技术研究和环境情报研究的科技人员。20 世纪 70 ～ 90 年代，他们着眼于国内外环保事业前瞻性领域，针对国内的需求和空白，不断探索研发相关新技术，为团队建设奠定了坚实的基础。1976 ～ 1986 年，他们在国内率先开展了离子选择电极测试技术、大型分析仪器智能化分析技术、沈阳市西部污水特征污染物解析技术和国内恶臭污染状况等研究。1985 年建立了国内第一个恶臭分析研究实验室，编制并颁布实施了 8 项国家恶臭物质分析标准，参与编制了国家恶臭排放标准。1990 ～ 1995 年，率先在国内开展了多氯联苯（polychlorinated biphenyls，PCBs）污染调查，查明了国内含 PCBs 电力设备的流失和贮存情况，为开展 PCBs 焚烧研究与处置提供了引导性支持。研究建立了高温尾气特征污染物的监测技术，协助完成了 PCBs 焚烧处置试验和工程实施。2001 年起，沈阳市开始实施以浑河治臭为突破口的环境综合整治，沈阳环境科学研究院抓住机遇，组建了流域研究治理专业团队并连续 16 年致力于水环境整治和生态修复的研究和建设。在重点工程实施过程中，该团队致力于技术创新与应用并突破工程实施的瓶颈问题，保证了各项工程的顺利实施。

图 14-1 为 20 世纪 70 年代后期，沈阳环境科学研究院在国内率先开展大型分析仪器智能化技术解析与推广任务和为 80 年代建立的首个恶臭分析实验室及研发并在国内应用的恶臭分析专用设备，

图 14-1 仪器应用和专用设备开发

基于研发的 PCBs 分析技术开展调查，首次查明国内相关设备贮存流失状况（图 14-2）。

调查结果促进了焚烧处置事业发展。首次建立高温尾气中二噁英、PCBs 等特征污染物监测方法和实验室，满足了安全焚烧技术研发的需求。

图 14-2 PCBs 调查成果和测试技术

2001 年组建的浑河治臭科技团队

图 14-3 组建的综合技术团队

　　组建的从事环境解析、污染控制技术设备研发和技术应用与工程实施的专业队伍，先后实施了浑河、细河、运河、城乡中小河流、大型垃圾场、污泥贮存场等污染控制研究和示范工程建设。还利用技术与设备优势承担了沈阳市污染事故应急处理等作业（图 14-3）。

14.1　团队建设

科技团队面对的是技术攻关、技术应用与工程实施和艰苦作业环境三方面的考验。其一是面临的环境瓶颈问题，往往是无可借鉴经验和依据，通常被认为是短期内难以解决的问题。其二是技术应用于大环境，其作业设备、作业方式和成效均是面临的难题。其三是特殊示范工程建设缺少相关的作业规程和保护设施，团队人员要长期在野外置身于艰苦作业环境并面对恶臭、毒害、危险的考验。每项工程实施，团队人员都要承担实验、质量检验、设备设施准备与维护、工程实施作业等多重任务。由于相关工程具有严格的时段和时效的要求，团队人员要一人多职、相互配合才能完成各项任务。有关团队建设宗旨见图14-4。

科技创新与攻关：重大环境瓶颈问题要以科技攻关成果和创新应用功效定成败。为此必须理论与实践结合，发扬钉子精神，对新技术进行探索、应用和完善。科技团队的技术成果创新和应用效益显著，得到了专家的认可，多项研究应用项目获政府科技进步奖。

图 14-4　团队宗旨

成果转化应用：研究的目的在于成果转化应用并解决环境问题，亲自实践和参与应用是成果转化的最佳途径。为此，科技团队一年四季工作在野外现场，战胜了重重困难，保证了科技成果的转化质量和速度。有关科技团队常年在野外从事相关任务的场景见图14-5。

烈日酷暑、雪雨交加、披星戴月

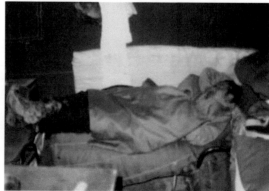

风餐露宿

图 14-5　常年野外工作的场景

毒害气体的侵蚀：黑臭水体、垃圾场、污泥场的恶臭可影响较远区域，其恶臭源恶臭最为强烈也是除臭的作业场所。恶臭中含有硫化氢等有毒有害气体，未经稀释的恶臭气体具有可燃性。长期工作于此类环境，会对人员造成身体和心理上的伤害。氧化性除臭药剂具有腐蚀性，易对作业人员的呼吸系统和皮肤造成伤害（图 14-6）。

最好的防护也难免药剂和作业场所有害气体的伤害

图 14-6　有害的作业环境

　　作业险情无处不在：除恶臭和艰苦的作业条件外，野外作业的危险因素无处不在。十几年来，科技团队严守安全施工和保证人员生命安全的底线，制定了安全生产的规章制度。但在必要的作业中，仍有人受伤。团队以最低代价赢得了各项任务的安全顺利完成（图14-7）。

　　在不具备以船只和机械作业的场所，需要实施人工作业。图为浑河枯水期的泥水交界处，污泥深度不定。2002年团队人员第一次挽手通过无人涉足过的污泥区到达作业点位，保证了除臭作业任务的完成。为防止意外，每人夹带木板作为救生器具。

　　在特殊浅水区作业，通常要采取绳索对作业人员予以保护。一些场所不具备固定条件，加之不明水域深浅不一，人员穿着作业服装存在安全隐患。

常年在不同的水域作业，其水深处多在2m以上。人员要在各种条件下从事不同作业，特殊情况需要船只变速、旋转行驶，人员落水的隐患时常存在。由于严格建立各种抢险预案，虽然人员多次落水，但均化险为夷。

汛期河流水量多变，对工程设施和人员安全具有一定影响。图为2005年浑河突发洪水，工程设施严重破坏，工程人员冒险抢救设施，执行抢险方案，避免了船毁人亡。

2013 年，祝家污泥堆放场恶臭治理作业环境恶劣，险情无处不在。11 个堆放场四周 10 余米高坝体作为临时作业车道，一侧为深处坝下，另一侧为数十米深污泥，一旦发生事故必然车毁人亡。由图可见，坝体时常发生溃坝现象，不及时抢修则难以保证作业和安全。

每日数十人在 11 个作业区的不同位置作业，安全区和危险区仅一线之隔，需严防人员落入泥中。在无此类安全操作规程情况下，施工作业采取了设施不离岸（除遥控泥上作业设备）、人员不离绳索的对策，保证了安全。

图 14-7　危险的作业环境

淤积生活污水和生活垃圾的水域是病毒病菌的传发地，也是治理作业和工作的重点场所。2003年"非典"病疫流行，举国上下采取严格防控措施。但置于浑河岸边的治理工地无处可迁，作业不能中止，人员不能撤离，只能经受疫情的考验。

环境监测有时要在高空作业；还要面临初春冰上作业的考验，必须严防人身安全事故。

　　国家和省市领导无不关心沈阳市的环境建设和重点工程的实施，经常对作业现场进行检查和指导，对科技团队给予支持和鼓励，对各项科技成果予以充分的肯定。沈阳市环境保护局领导按市政府的部署，直接领导相关重点工程的规划、设计和实施，协调各行业的作业，为各项任务顺利完成保驾护航（图 14-8）。

图 14-8　各级领导的关心与支持

14.2　国际合作与学术交流

在环境解析和监测领域，通过学习国外的先进技术，对国内突出污染问题进行成因、污染水平和演变趋势等研究分析。在此基础上，学习国外在管理和治理方面的先进技术和经验，结合国内实际需求，研发应用在典型污染行业实用的治理技术和设备，特别是在恶臭治理、流域水环境整治、危险废物污染控制与处置等方面，始终结合国际上的先进经验，构建满足国内需求的应用技术体系，保证了各项治理工程的科学化实施，使其具有显著的创新性、实用性和经济性。

1985 年，流域组负责同志受辽宁省政府派遣赴日本研修，针对国内恶臭分析和研究的空白，重点学习了恶臭分析监测技术，掌握了关键测试仪器和器材的应用方法。建立了国内首个恶臭实验室，相继制定了国家恶臭分析标准和排放标准，并不断研发应用恶臭污染的治理技术和设备，加快了我国恶臭污染防控体系建设（图 14-9）。

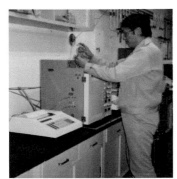

图 14-9　赴日研修恶臭检验技术

2000年，沈阳环境科学研究院与美国环境化学公司签署了技术合作协议。流域组同志赴该公司学习水环境和大气环境特征污染物的检测技术，解决了国内PCBs焚烧尾气和水环境特殊污染物检测的难题，为重点污染领域治理提供了技术支持（图14-10）。

图14-10　国际技术交流

"十一五"至"十二五"期间，流域治理团队与日本相关研发机构联合开发水环境监测和治理的新技术和新设备，包括筛选水生态考核指标、便携式监测设备和监测方法、黑臭污染河道控制技术、植物浮岛净水技术以及河流复氧技术设备等。日方经常到现场进行考察和指导，并提供最新的技术信息（图14-11）。

水生态考核指标筛选

便携式监测仪器和监测方法研究

黑臭河道治理技术研讨

当年为沈阳环境科学院培训科技人员并承诺为技术带头人提供赴美工作机会和优厚待遇的美国相关公司总裁，在考察浑河治理的成果后，对治理成效予以高度赞扬。对当年受训人员的"我的事业在中国"的信念表示钦佩，并不断给予治理团队新的技术和设备的支持。

图 14-11　国际技术协作

14.3　人才锻炼和培养

　　流域治理团队的主要任务：一是开展河流解析和治理对策的研究，二是研发实用的治理技术和设备，三是建立成果转化与工程实施的条件保证系统，四是参加或指导各项相关工程的优质实施。10多年来，团队人员在实践中学习、磨炼和提高，结合实际深入探索，结合应用检验完善研发的技术，结合国内需求不断拓展研发的领域和空间。团队人员综合能力和素质不断提升。

荆治严：教授级高级工程师。参加了多次沈阳市水系整治工程的设计和实施的组织工作。将科技创新和应用作为追求目标，克服疾病和家庭困难，带动团队完成了系列重点环境治理项目（图14-12）。

图 14-12　荆治严工作照

李宁江：高级工程师。参加沈阳市重点河流的科研、治理工程和水专项研究工作。主要承担了工程设计、实验、作业指挥、业务协调等任务。他总是工作在最危险的作业场所，为各项工程的完成做出了自己的贡献。一次浑河泄洪行船遇险；数次抢救落水同志（图14-13）。

图 14-13　李宁江工作照

张斌：高级工程师。参加了沈阳市重点河流的科研、治理工程和水专项研究。主要承担设备研发与试验、设备保证、机电设施建立与维护、车船驾驶和治理作业的组织等任务。多次冒着生命危险为施工排除险情，数次抢救落水同志（图 14-14）。

图 14-14　张斌工作照

渠烨：高级工程师，流域组技术骨干。参加了沈阳市浑河、垃圾场、细河、运河、白塔堡河、污泥处理场和蒲河等科研和治理工程，主要承担科研课题实施、治理技术和设备研发、现场各项试验和工程作业等任务。一次运河翻船遇险，数次轻伤（图 14-15）。

图 14-15　渠烨工作照

聂志勇：高级工程师，流域组技术骨干。参加了沈阳市浑河、垃圾场、细河、运河、白塔堡河、污泥处理场和蒲河等科研和治理工程。主要承担科研课题实施、治理技术和设备研发、数据和报告整理、现场试验和测试以及工程作业等任务（图 14-16）。

图 14-16　聂志勇工作照

贾丽艳：译审。参加了沈阳市浑河、垃圾场、细河、运河、白塔堡河、污泥处理场和蒲河等科研、治理工程和水专项全部研究任务。承担工作管理、任务协调、资料档案管理、后勤保障和财务管理等任务（图14-17）。

图 14-17 贾丽艳工作照

张连：高级工程师。参加重点科研项目和技术工程的器材加工、实验和工程实施任务。2003 年在工地因强风导致其严重伤残，初步治愈后仍坚持完成工作并参加工地试验任务（图 14-18）。

图 14-18　张连工作照

李艳君：实验师，参加了沈阳市浑河、垃圾场、细河、运河、白塔堡河、污泥场和蒲河等科研和治理工程及水专项全部研究任务。主要承担调查解析、技术研发、实验与分析、工程质量检验、资料数据整理和信息档案管理等工作。此外还承担后勤保障、财务管理和相关工程作业等任务。她常年与男同志一样在野外作业，身兼数职（图 14-19）。

图 14-19　李艳君工作照

李晓明：技师，技术骨干。参加了沈阳市浑河、垃圾场、细河、运河、白塔堡河、污泥处理场和蒲河等科研和治理工程。承担了设备设施的加工使用和维护、船只驾驶、环境调查试验和工程实施作业等艰巨任务，是全能工匠型人才。常年从事最危险和繁重的野外作业，历经艰险（图14-20）。

图 14-20　李晓明工作照

方洪：技师，技术骨干。参加了沈阳市浑河、垃圾场、细河、运河、白塔堡河、污泥处理场和蒲河等科研和治理工程及水专项全部试验任务。主要承担设备设施使用和维护、环境调查试验、工程实施作业和监测等艰巨任务（图14-21）。

图 14-21　方洪工作照

　　李仁：司机。参加了沈阳市细河、运河、白塔堡河、污泥场和蒲河等治理工程和水专项全部相关工作。主要承担运输采购、后勤保障与物资管理、流域调查等任务。协助完成相关试验准备和保障工作（图 14-22）。

图 14-22　李仁工作照

　　王擎平：司机。参加了沈阳市浑河、垃圾场、细河、运河、白塔堡河、污泥处理场和蒲河等治理工程和"十一五"水专项技术设备研究和示范工程建设任务，主要承担环境调查、运输采购、后勤保障与物资管理、工程作业等（图 14-23）。

图 14-23　王擎平工作照

李发武：技术工人。参加了沈阳市浑河、垃圾场、细河、运河等治理工程和"十一五"水专项部分技术设备研究和示范工程建设任务。主要承担环境调查及各项工程作业等任务，在危险且艰苦作业中挑重担。作为工地安全员多次抢救落水同志，保证各项工程的作业安全（图 14-24）。

图 14-24　李发武工作照

刘忱：技术骨干。参加了沈阳市浑河、垃圾场、细河、运河、白塔堡河等治理工程和"十一五"水专项技术设备研究和示范工程建设。主要承担环境调查、测试和各项工程实施的组织与作业任务。在危险且艰苦作业中挑重担并解决施工中关键技术难题（图14-25）。

图14-25 刘忱 工作照

刘有全：技术工人。参加了沈阳市浑河、垃圾场、细河、运河等治理工程和"十一五"水专项部分技术设备研究和示范工程建设任务。主要承担环境调查、设备器材维护管理及各项工程作业等任务。在危险且艰苦作业中任劳任怨争挑重担，解决施工中诸多技术难题，多次落水、受伤（图14-26）。

图14-26 刘有全工作照

荆勇：教授级高级工程师。参加了沈阳市浑河、细河、运河等治理工程的研究和"十二五"水专项水生态管理研究与示范工程建设任务。主要承担了环境调查、水生态管理体系构建和应用及课题技术报告编制任务（图14-27）。

图 14-27　荆勇工作照

刘云霞：高级工程师。参加运河、白塔堡河、污泥处理场和蒲河等科研、治理工程和"十二五"水专项研究任务。主要承担实验、分析检测、资料数据整理、技术报告编制和档案管理工作（图14-28）。

图 14-28　刘云霞工作照

李家玲：工程师。参加了浑河、细河、运河、白塔堡河、污泥处理场和蒲河等科研、治理工程和"十二五"水专项研究任务。主要承担实验、分析检测、资料数据整理和档案管理和后勤保障工作（图14-29）。

图 14-29　李家玲工作照

李英丽：实验师。参加了浑河、细河、运河和白塔堡河等科研和治理工程。主要承担环境调查、分析检测、档案管理和后勤保障工作。在野外作业现场负责作业人员的餐饮和安全防护材料的供给，保证了各项任务的顺利实施和完成（图14-30）。

图 14-30　李英丽工作照

15 沈阳市水系治理新成果与技术支持

15.1 国家重大水专项研究成果

"十一五"至"十二五"期间,我国投入巨资开展"三河""三湖"的研究与保护。在辽河治理项目中,作为东北重工业城市相关的浑河水系整治属于重点项目之一。浑河中游段是工业城市分布区,针对浑河中游的污染与变化,结合国家重大水专项三阶段重点任务设置,"十二五"水专项"辽河流域水污染综合治理技术集成与工程示范项目"设置了"浑河中游水污染控制与水环境综合整治技术集成与示范"课题,其中包括"蒲河生态廊道水环境改善技术研究与综合示范"子课题。水专项"辽河流域水环境管理技术综合示范项目"设置了"辽河流域水生态功能区管理体系研究与综合示范"课题,其中包括"蒲河流域水生态功能区生态管理综合示范"子课题。通过课题实施的技术研发、技术集成和示范工程建设,支持了浑河中游段 COD、NH_3-N 等污染负荷的削减,促进了该区域水质持续改善和水生态修复。沈阳环境科学研究院以参加课题研究为契机,承担并完成了以蒲河水生态修复对策、技术设备研发、技术管理支持和示范工程建设为重点的研究任务,促进了蒲河水生态的科学化建设和管理。

1. "浑河中游水污染控制与水环境综合整治技术集成与示范"课题的研究

工业园区污染源负荷削减成套技术: 针对沈阳市西部工业园区污染源负荷削减的难题,开展了制药园区废水生化和物化组合预处理技术研究,形成了水综合处理集成技术,为园区尾水处理提供了新的技术模式。针对沈阳市农副产品加工园区废水量大和资源化利用率低的问题,开展了典型屠宰废水生态深度处理技术研究,突破了北方寒冷地区人工湿地水力调控和填料优化关键技术,形成了废水生物 – 生态组合处理利用的模式。

污水处理厂提标改造及污泥资源化技术: 针对浑河中游水质改善目标和对生活污水处理的新要求以及污泥处理处置的难题,研究了北方寒冷地区低温条件下污水处理厂的传统活性污泥法与 A/O 活性污泥法提标改造技术和污泥干化、无害化及资源化利用技术,为示范区域污水处理厂提标改造和污泥安全处置提供了技术支持和示范。

沈阳市优先发展区域城市河流治理成套技术: 沈阳市南北地区快速发展且相关河流污染加剧,基于恢复河流水生态健康理念并针对蒲河和白塔堡河的实际状况,研发应用了水资源调控技术、水体光能复氧技术、植物净水技术和立体化生物净化技术等,促进了河流自净功能的改善,水体的 DO 控制在 7 ~ 9mg/L,达到了流域消除黑臭和水质改善的目标。以上各自关键技术如下。

制药园区难降解尾水处理集成技术: 利用臭氧氧化与水解酸化对制药园区尾水进行强化预处理后与生活污水按一定比例混合处理。

农副产品加工废水生物 – 生态组合处理技术: 肉类加工废水经改良 SBR 工艺预处理后进入垂直潜流香蒲人工湿地,出水达到地表水环境质量的景观用水标准。

入干河口湿地构建技术：通过对传统塘和湿地生态处理技术进行优化，研发了用于河口湿地建设的改良塘－湿地组合处理工艺，提高了污染物去除率。

黑臭水体治理集成技术及装备：在技术单元与设备研发基础上，突破了黑臭河道污染控制、污染支流河口立体净化和滞水区水质改善等关键技术，形成了适用于不同污染水体的集成技术。

北方寒冷地区污泥生物干化集成技术：以稻壳作为发酵共基质辅料，通过工艺改良缩短了污泥生物干化周期，减少了主要恶臭物质的排放，提高了污泥生物干化效能。

北方污水处理厂提标改造技术：基于北方气候条件的特点，对传统水处理工艺进行提标改造，使低温、低碳氮比和低负荷的处理尾水达辽宁省综合污水一级A排放标准。

2. "蒲河水生态功能区生态修复管理综合示范"子课题研究

依据"十一五"辽河流域三级水生态功能分区与水质目标管理研究成果，结合水生态系统健康管理需求，在对蒲河水环境受控因素、污染特征及生态建设方面的系统调查分析基础上，借助野外实验站的建设，开展了蒲河水生态重建对策研究、蒲河水生态考核指标体系研究、蒲河污染控制和水生态构建与管理模式研究。通过与相关管理部门对接，达到了支持依托工程建设的目的。

水环境调查解析：开展了水生态解析、受控因素变化等方面监测、实验和研究，掌握蒲河水质现状和变化趋势、主要受控因素及冬季与高温期的水生态差异。

水生态指标化管理体系研究：筛选了水生态考核指标，建立了以DO为先导的指标体系和水生态质量的评价方法，包括水陆域环境等方面的内容。

城乡污染控制与水生态修复管理：建立了包括污水收集、流域污染负荷削减和污染事故防范的对策体系，研究了水资源调控和生态河道、廊道的建设方案。

水生态监控与管理制度研究：整合现有的管理资源，构建新型的水生态管理体系，其中包括制度、管理机构、管理办法及其他相关方面的内容。

3. 水专项科技成果应用与示范工程建设

针对沈阳市水污染和水生态破坏的突出问题，开展了技术集成和示范工程建设，实现了技术成果应用，促进了沈阳市水环境承载力提升。示范内容包括：西部污水处理厂扩建工程示范、农副产品加工废水深度处理及资源化示范工程、污泥干化处置示范工程、浑南水系水质调控及水生态建设示范工程和蒲河生态廊道水环境改善综合示范工程。示范工程内容和分布见图15-1。

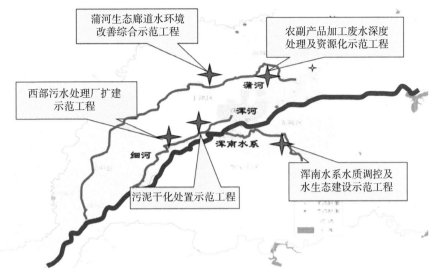

图 15-1　示范工程内容和分布

西部污水处理厂扩建示范工程：水专项研发技术应用于"十二五"浑河中游沈阳西部污水处理厂的制药园区尾水与城市污水混合处理工程中，年削减 COD 3 万余吨、氨氮2000 余吨、TP 3 百余吨，吨水处理成本 1.15 元左右。该示范工程改善了沈阳市细河的水质，环境效益、经济效益和社会效益显著。该示范工程建设见图 15-2。

2014 年年底施工现场

示范工程调试运行

图 15-2　西部污水处理厂扩建示范工程

　　农副产品加工废水深度处理及资源化示范工程：水专项研发技术成功应用于沈阳福润肉类加工有限公司 1000m³/d 废水的深度处理。该工程通过改进湿地内部结构，布设多级微生物固定化填料，处理后出水水质可达到城市景观环境用水标准并满足厂区绿化、冲洗等资源化利用要求。有关示范工程建设见图 15-3。

图 15-3　肉类加工废水处理示范工程现场

　　污泥干化处置示范工程：水专项研发技术应用于沈阳市污泥干化处置示范工程建设。工程总投资 3.25 亿元人民币，占地 13hm²，日处理含水率 80% 的污泥 1000t。该工程采用基于分散抗粘共基质物料的污泥生物干化关键技术，精简了工艺流程并提高了效率，使污泥含水率明显下降。该工程解决了沈阳市污水处理厂污泥处理与资源化利用的难题，实现了建成区污泥全部安全处理。有关示范工程建设见图 15-4。

图 15-4　污泥生物干化示范工程

浑南水系水质调控及水生态建设示范工程：水专项研发技术应用于沈阳市白塔堡河河口湿地建设，湿地位于白塔堡河入浑河河口处，占地 15 万 m²。湿地于 2013 年完成主体施工并试运行，河水处理规模达为 3.0 万 t/d，实现了全年稳定运行。该工程改善了河流水质，提高河流周边的景观化效果，降低河流综合处理成本，有助于河流水生态恢复，对于推进北方地区河流治理具有重要示范作用。有关示范工程建设见图 15-5。

图 15-5　白塔堡河水资源调控与生态建设示范工程

蒲河生态廊道水环境改善综合示范工程：水专项研发技术应用于沈阳市蒲河沈北新区上游段水环境改善示范工程建设。通过污水处理设施改造使 10km 示范河段污水收集处理率达到 100%，实现了尾水景观化利用；实现年引辽河水 900 万 m³，新增湿地面积 500 万 m²，完善河道蓄水设施，建设了生态护坡和两岸绿化带；对重污染节点和污染河道实施了有效控制，其中包括 200m 黑臭河道控制、污染支流 0.7 万 m² 河口立体净化和 0.6 万 m² 滞水区水质改善，改善了示范河段水质，为中下游的整治奠定了基础。有关示范工程建设见图 15-6。

图 15-6　蒲河生态修复示范工程

　　蒲河水生态功能区生态修复管理综合示范：水专项课题组编制了蒲河功能区生态重建的途径、对策和方案，最终形成的《沈阳市水污染防治工作实施方案》和《沈阳市水质达标方案》由沈阳市政府颁布实施。自课题开始实施，课题组与蒲河建设与管理部门和建设单位建立了紧密的合作关系，在工程建设等方面相互支持，保证科研成果的应用转化。此外还为相关依托工程建设提供技术咨询和技术服务。生态修复管理综合示范的实施，使水环境管理由单一污染控制管理过渡到水生态修复与重建的全方位管理。

蒲河流域依托工程建设内容

实施干流污水的多元化处理设施建设，区域污水处理率达99.1%。企业污水全部源内处理。	对两岸污染源进行清理，对抗生素和淀粉厂等重污染企业实施搬迁改造。	结合新型乡镇和新农村建设，对两岸村屯搬迁改造，对农业面源进行控制。	对重污染支流河开展综合整治，完成南小河的治理。另外黄泥河水质得到初步改善。	年调集生态用水3400万 m³，其中包括新增水量900万 m³。尾水作为景观水利用。	构建在线人工湿地6562万 m²，包括新增湿地面积2000万 m²以上。

"十一五"水专项成果通过验收

　　2012 年，沈阳环境科学研究院承担的水专项细河研究和示范建设成果通过国家审核和验收。主要内容包括环保清淤、河道水质改善、仙女湖水体置换及河岸湿地净水中试基地建设（图 15-7）。

图 15-7　验收组对仙女湖等示范工地进行现场核查

"十二五"水专项任务预验收

2016年，"蒲河生态廊道水环境改善技术研究与综合示范"和"蒲河水生态功能区生态修复管理综合示范"两项子课题分别通过自检、地方验收和国家预验收（图15-8）。

蒲河两项子课题通过课题组自检和地方技术验收

"蒲河生态廊道水环境改善技术研究与综合示范"子课题示范工程通过国家预验收

"蒲河水生态功能区生态修复管理综合示范"子课题示范工程通过国家预验收

"十二五"水专项示范工程国家正式验收

2017年，水专项示范工程进入国家验收阶段，验收组对工程质量、配套资金落实和工程内容进行全面审核，蒲河两项子课题示范工程通过验收。

示范工程现场复查

"十二五"水专项结题验收

2018 年，水专项课题进入结题验收阶段。在示范工程通过验收基础上，课题先后通过了技术资料审查、档案审查、财务审计、技术预审。2018 年 6 月 29 日，包括蒲河子课题的"浑河中游水污染控制与水环境综合整治技术集成与示范"和"辽河流域水环境管理技术综合示范"课题通过国家技术审查、档案审查、技术验收和财务验收。

图 15-8 "十二五"水专项成果验收

15.2 沈阳市污水处理设施建设与改造

城乡污水处理设施和集水管网建设与运行是水系污染控制的重要保障和水生态修复的基础工程。"十一五"至"十二五"期间，沈阳市加速了城乡污水处理厂建设和改造的步伐，特别是城区南部污水处理厂的建设彻底解决了主城区集中排污的问题。在此期间，区县污水处理设施建设全面铺开，污水收集处理率快速增长。至"十二五"末期，全市城乡污水处理率已接近90%，"十三五"期间，污水收集处理率不断提升，截至 2018 年年底，已达到95%以上。污水处理厂的全面建设和部分改造实现了沈阳市水系环境质量质的改变。此外，新建和改造污水处理厂尾水必须按要求达到一级（A）标准。

1. 沈阳市南部污水处理厂建设

沈阳南部污水处理厂规划设计处理能力为 80 万 m^3/d，主要处理浑河北岸（沈阳城区南部）剩余污水、于洪新城污水以及浑河南岸长白地区、曹仲地区和苏家屯地区污水。沈阳南部污水处理工程总投资为 14.5 亿元，采用国内成熟运行稳定的改良 A^2/O 工艺，设计出水达到国家《城镇污水处理厂污染物排放标准》（GB18918—2002）一级 A 的排放标准。该厂自 2013 年 10 月正式投入运行以来，平均日处理污水量为 52.00 万 m^3，对保护浑河流域水质和生态平衡发挥了重要的作用（图 15-9）。

图 15-9　沈阳市南部污水处理厂建设

2. 全市污水处理厂建设

目前，沈阳已建成的日处理能力 1 万 t 以上的城镇污水处理厂 35 座（其中 15 万 t 以上的大型污水处理厂 6 座），设计日处理能力 288 万 t。日平均处理污水约 220 万 t。下图为浑河流域沈阳市段主要污水处理厂的分布状况（图 15-10）。

图 15-10　沈阳市污水处理厂建设与分布
括号内数字为日平均污水处理能力，单位为万 t/d

3. 污水处理厂提标改造

"十三五"期间，沈阳市对 9 座污水处理厂实施了提标升级改造，分别为：主城区的沈水湾、北部和满堂河污水处理厂，沈北新区的南小河污水处理厂，浑南产业区污水处理厂和上夹河污水处理厂，铁西经开区化工园污水处理厂和西部一期污水处理厂，于洪区的仙女河污水处理厂。9 座污水处理厂总处理规模接近沈阳市污水处理总量的 50%。提标升级改造工程对沈阳水环境质量改善发挥了显著作用。一是削减了污染物排放总量，二是促进了黑臭水体整治，三是有利于沈阳水体达标工作的稳步推进。其中仙女河污水处理厂改造使细河水质发生了历史性变化。图 15-11 为仙女河污水处理厂等改造及功效介绍。

沈水湾污水处理厂改造工程

仙女河污水处理厂改造工程

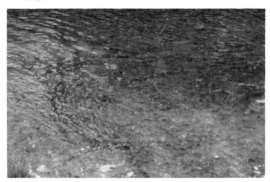

仙女河污水处理厂改造后尾水水质显著改善

细河水质显著改善（1）

细河水质显著改善（2）

细河源头的原卫工河排污节点封闭

细河源头的卫工河引流河道末端至污水处理厂上游的阻流坝和事故排污应急处置设施

细河源头的卫工河事故排污的河道应急处置设施

图 15-11　重点污水处理厂改造与功效

16 新形势下的新任务

20余年来，沈阳市水系环境发生了巨变，其历经了污染、污染控制和水生态修复的艰难历程。针对目前面临经济建设、民生保障和产业结构调整等新形势和新任务，要确保环保事业不断发展且水生态环境质量不断改善，同样要重视新污染防治、污水安全处理和尾水质量改善以及生态河道的建设，通过新技术的研发和应用解决减污降负和节资提效等方面的新问题。

16.1 黑臭河流与劣 V 类水体的解析

黑臭河流的黑度和臭度显著，主要与污水排放量和污染有关。"十三五"期间，我国全面推进黑臭河流的整治。就全国状况看，黑臭河流现存量较大且治理任务艰巨。从沈阳市情况看，河流尾水比例不断提升，黑臭河流整治成效显著，但劣 V 类水体（包括季节性水质变化）的比例仍较大，这与局部小量排污和尾水质量有关。就尾水质量改善和提升水域自净能力看，消除劣 V 类水体仍面临多方面的困难。

黑臭水体成因：黑臭水体的形成源于含易氧化有机物污水的排放、在容量有限水体内被厌氧氧化和黑臭物质的生成（上图）。右图为黑臭水的絮凝物和絮凝后水色变化。图 16-1 为重污染水体的表观特征。黑臭水体可分全部黑臭、分层黑臭、底质黑臭和特殊时段黑臭等。

图 16-1 重污染水体的表观特征

易形成黑臭水体：大多黑臭水体的清洁径流量低，且污水在河道的蓄积量大。图16-2为沈阳市蒲河上游枯水期的径流量。以流动污水为主的黑臭河道、封闭性人工湖和借助人工闸坝蓄积的水体，其水体的滞流使其复氧等自净功能低下，污染物蓄积量不断增加，极易导致水体的黑臭。

流动性黑臭水体

封闭性黑臭水体

完全滞流的水体

半滞流性水体

图16-2　蒲河径流水和易形成黑臭的水体

黑臭水体变化：季节性黑臭，如枯水期河道污水量大，尾水量少；流域局部性黑臭，排污节点至下游一定距离的水体黑臭，污染物沉降和河流自净使以下河段水质改善；重富营养化水体黑臭，水质分层变化显著，水体上层富营养化产物多发，下层水体和底泥黑臭，一定条件下会导致整体黑臭。有关黑臭水体的变化与特征见图16-3。

流域局部河道的黑臭（排污口以下受害河段）

重富氧化水体的上层和底泥黑臭

重富氧化水体的黑臭变化

图 16-3　黑臭水体的变化与特征

16.2　黑臭河流整治与水生态修复

水生态修复是在污染控制基础上构建的水生态综合保护、治理与管理的综合体系。该体系突破了单一污控体系的局限性、时段性和受控性，体现了水生态功能修复的科学性、完整性、经济性和实效性。该体系将人工治污、河流自净能力改善和水生态功能全面修复为目标，重点对水资源调控、截污控污、尾水质量改善、生态河道建设、河流功能修复等系统工程进行科学规划、设计和实施，从而逐步实现水系生态修复的阶段目标和最终目标。以下为现阶段河流水生态修复应重点实施的任务。有关黑臭水体整治与生态修复相关对策见图 16-4。

水资源调控（调水、控水和河道合理蓄水）

提高污水收集处理率

污水处理厂提标改造与尾水质量改善

河道和护岸生态建设与自净功能改善

防护距离保证和防护带建设

亲水设施和人文景观建设

水生态监控与管理　　　　　　　水生态修复技术研发与应用

河道维护与管理体系的建设与完善

图 16-4　黑臭水体整治与生态修复对策

16.3　推进水生态的监测与管理

随着黑臭水体治理和水生态建设事业的不断强化和深入发展，水环境监测解析所面临的技术难题和需求不断增加，原有污控型监测和管理体系已难以支持水生态修复的全方位监测和管理。目前大力推进的环境检测第三方技术服务也面临技术服务内容的创新和升级。据此，沈阳环境科学研究院与相关科研院所、环境监测与管理单位以及第三方检测服务单位形成水生态检测解析的技术联合体，目的在于推进国家"十二五"水专项研究成果的转化应用，通过整合利用现有资源和优势，创建集研发、成果应用推广和技术服务于一体的综合基地。除开展水生态监控技术研发外，重点完善原有水监测服务体系，进一步开发应用包括水生态调查、监测、解析和对策等方面的技术服务体系，在水资源调控、河道自净功能提升、污染控制能力增强和底质环境改善等方面为水生态建设与管理提供技术支持。下图为代表性第三方环境监测解析的能力建设情况。有关联合体的第三方检测代表机构能力建设情况见图 16-5。

人员配置与团队

技术工作大厅，工作内容包括样品跟踪档案建立、数据处理、质量保证管理和报告编制等流水作业

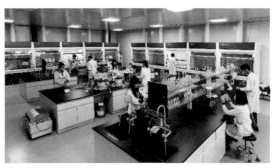

无机、有机化学分析与样品处理场所

仪器分析样品的制备与处理

人才培训与队伍建设

配置应用的国际先进分析仪器和设备，满足环保等领域的监测需求

图 16-5　第三方检测机构的能力建设

16.4　经济的建设与环境保护

　　我国经济建设的发展史曾经伴随着环境的破坏和污染，导致污染控制和生态修复面临着解决老问题和新问题的双重压力。由于部分地区人口密度较大且城乡发展建设较快，环境建设方面的压力不断显现。国内外经验表明，环境的保护必须基于方方面面投入的基础之上。目前我国各地发展和经济条件不均衡且处于发展中，需要在发展与保护间探索最佳的平衡点，坚持技术创新和绿色可持续发展，创建经济建设与环境保护的双赢。环境保护需要加大科技的投入和功效，其投入包括对策、技术、设备乃至管理等方面的基础研究、研发和应用，其中包括自主研发和国际交流合作。工农业的良性发展将为环境保护事业创造有利条件并提出更新的要求，而依靠科技进步和科学化管理是实现生态环境建设目标的最佳途径。图 16-6 为 2003 年浑河治理工地的目前场景，其水体管理条件和设施大为改观。

18 年前浑河治理工房仍在，且成为河道维护工房

18 年前浑河治理工地处的今昔场景变化

沈阳的浑河发生了巨变，但局部水质仍然较差。其他河流水质不一，尚需不断改善。

图 16-6　浑河目前的生态环境状况

　　经过治理，沈阳市水系生态环境建设取得了显著成绩，浑河的整治带动了中小河流的整治。尽管问题尚存，部分河流水质距国家要求尚存在差距，但经过不断努力，变压力为动力，这种差距将不断减小，未来环境将更加美好。

后　记

　　本书以图文方式对沈阳市水系治理历程进行了介绍，对污染控制和水生态修复的重点项目和经验进行了总结，对水生态修复体系的构建模式和内容进行了研究和探讨。通过对治理工程的科技投入及功效介绍，总结了解决水环境瓶颈问题的对策、技术和管理等方面的途径。

　　实践表明，针对我国水环境存在的问题和生态建设的目标，通过开展系统的科学研究、技术开发与应用以及科学化管理，可以在解决老问题的基础上，进一步解决发展中的新问题，促进我国经济建设和环境保护事业的健康和可持续发展。